KB263121

자전거 여행가 차백성의
이베리아 반도 기행

자전거 여행가 차백성의
이베리아 반도 기행

초판 1쇄 발행 2025년 11월 10일

글·사진 차백성

펴낸이 양은하
펴낸곳 들메나무 **출판등록** 2012년 5월 31일 제396-2012-0000101호
주소 (10893) 경기도 파주시 와석순환로347 218-1102호
전화 031)941-8640 **팩스** 031)624-3727
전자우편 deulmenamu@naver.com

값 28,000원
ⓒ차백성, 2025
ISBN 979-11-86889-36-7 (03980)

이베리아 반도 기행

글·사진 차백성

들메나무

자전거는 사람의 힘으로 바퀴를 굴린다.

걷기와 타기 중에서 자전거는 걷기에 속한다.

자전거는 몸을 땅에 비벼서 앞으로 나아간다.

자전거는 몸의 일부다.

차백성의 자전거는 미국, 일본, 서유럽, 북유럽을 다 지나서 이제 이베리아 반도를 건너왔다. 그의 자전거는 대륙과 대륙을 건너가고, 과거와 현재를 건너가고, 문명과 문명을 건너가고, 사색의 바다를 건너간다. 그는 늘 혼자서 몸을 길에 갈고 다니면서 길 위의 모든 곳에 스스로 부딪쳐서 감당하고 관찰하고 받아들여서 기록하고 사진 찍는다.

한국 경제가 고속 성장과 해외 진출의 열풍에 휩쓸려 있던 1970년대에 그는 아프리카 여러 나라에서 건설업을 개척하면서 달러를 벌어 국내로 송금했다. 그는 이 나라의 70년대 경제 성장을 추동해온 개발 엘리트였다.

이제 고행에 가까운 자전거 여행을 하면서 그가 인간과 세계를 보는 앵글은 낭만과 환상에 치우치지 않고 세계의 현실과 인간의 비극을 직시하고 있다. 이러한 시야는 그의 가혹했던 현장 체험과 관련이 있을 것이라고 나는 생각한다. 그래서 그의 자전거 여행의 인문주의는 사실성의 바탕 위에서 전개되고 있다.

나는 젊었을 때 자전거로 여행하면서 『자전거 여행』이라는 졸저를 낸 적이 있었다. 그때 나의 여행은 국내의 몇 개 지역에 국한되어 있었는데, 차백성이 자전거 여행을 전 세계적 규모로 확대하고 역사와 문화 속으로 심화시켰다. 기쁘고 놀랍다.

김 훈 | 소설가 (『칼의 노래』, 『하얼빈』)

"갱무시절 즉시현금更無時節 卽時現今**".**

'그 시절이 따로 있는 것이 아니라 지금이 바로 그때'란 뜻이다!
불교 선종의 대가 임제선사의 말이다.

시간적으로 유한한 삶을 길고 풍요롭게 만드는 방법은 공간의 확대, 즉 여행을 많이 하는 것뿐이다. 이 사실을 나는 젊은 시절에 이미 '감'을 잡았다.

지천명의 나이에 자전거 세계여행을 시작, 25년이 흘렀다. 얼마 남지 않은 생의 한 부분이 무심히 흘러가고 있었다. 그간 네 권의 여행서를 출간했지만 심연에서 들려오는 선사의 법어, '현금'은 점점 크게 울려왔다.

비장한 심정으로 자전거에 두 달분의 행장을 꾸렸다. 마지막이라도 좋고, 희수에 한 번 더 떠날 수 있으면 더 좋겠다는 심정으로.

이번 목표는 '작은 대륙'이라 불리는 이베리아 반도다.

이곳은 아프리카와 유럽, 지중해와 대서양에 에워싸인 사람 주먹 형상으로, 스페인과 포르투갈 두 나라를 품고 있다. 팔목 격인 피레네 산맥 위로는 유럽 대륙이 펼쳐진다.

반도는 고대로부터 페니키아, 그리스, 카르타고, 로마제국 등 여러 나라가 이 땅을 두고 명멸을 거듭했다. 그만큼 지중해의 패권을 잡기 위해 중요한 땅이라는 반증이다. 그후 북아프리카의 이슬람 세력이 지브롤터 해협을 건너 침공, 약 800년을 머물며 그들만의 고유한 문화를 남겼다.

근래 들어 유럽 사람들은 이베리아 반도를 "피레네 산맥을 넘으면 유럽이 아니다Africa begins at the Pyrenees"라고 했다. '유럽의 변방'이나 심지어 '아프리카 수준'이라는 경멸적 의미도 내포하고 있다.

스페인과 포르투갈은 15, 6세기 대항해 시대를 주도하며 해가 지지 않는 식민지를 구축했다. 이를 기반으로 세계를 호령하며 수백 년 호시절을 구가했던 두 나라가 지금은 왜 작은 반도 안으로 움츠러들어 수모를 받고 있을까.

나는 그것이 알고 싶다.

사람들은 인문학이란 인간 근원의 문제인 죽음, 종교, 철학, 사상과 문화에 관해 탐구하는 학문이라 칭한다. 이의 영역으로는 미술, 음악, 문학, 철학, 인문과학이 포함된다. 나는 이들 두 나라의 흥망성쇠는 물론, 그들이 이 방면에서 무슨 일을 했으며, 무엇을 남겼는지 궁금했다.

역사학자 아널드 토인비는 역작 〈역사의 연구A Study of History〉를 집필하기 위해 이탈리아 전역을 자전거로 수개월간 여행했다.

나는 이번 여행에 '자전거과 인문학의 결합'이란 기치를 내걸었다. 그리고는 이슬람과 기독교 문명이 어우러진 스페인과 포르투갈 이 골목 저 골목을 헤집고 다녔다. 이럴 땐 자전거가 제격이라는 것을 새삼 느꼈다.

나는 1970~80년대 회사원 시절, 아프리카 수단과 나이지리아에서 10여 년 일한 적이 있다. 이슬람 문명의 흔적이 도처에 남아 있는 스페인 안달루시아 지방을 여행할 때였다. 과거 회교국 수단에서 경험한 일들이 떠올라 마치 고향에 돌아온 듯 아늑하고 편안한 느낌마저 들었다. 또한 포르투갈 여정 중, 노예해안^{Slave Coast}이란 오명의 나이지리아 라고스에서는 젊은 날의 아련한 추억을 떠올렸다. 여기에 전업 여행가로서 지난 20여 년간 세계 35개국을 여행하며 체득한 것들을 이베리아 풍경들과 버무려보았다.

어느 고수 여행가는 이런 말을 남겼다.

"진정한 여행이란 새로운 풍경을 보는 것이 아닌, 자신만의 눈으로 보는 것이다."

자, 여러분. 이제 저를 따라오실까요?

60여 일, 이베리아 반도를 자전거로 주유하며 보고, 듣고, 먹고, 만나고, 느끼고…. 그리고 아프리카에서의 젊은 날, 고이 간직해왔던 비망록까지 가감 없이 풀어놓으렵니다.

2025년 11월

BikeCha

대서양
프랑스
상 빈센테
코미야스
비스케이 만
마르세유
루고
오비에도
산탄데르
빌바오
산티아고
피레네 산맥
스페인
포르투
바르셀로나
포르투갈
세고비아
마드리드
코임브라
아란후에스
파티마
톨레도
지중해
호카곶
신트라
리스본
코르도바
세비야
그라나다
코스타 델 솔
말라가
론다
네르하
코스타 델 솔
지브롤터
대서양
아프리카

Chapter 1 마드리드와 중앙 고원

시간과 예술이 교차하는 스페인의 심장부

Chapter 2 안달루시아

이슬람과 가톨릭이 만난 문명의 교차로

포르투갈
Portuguese
Republic

유럽 남서쪽 이베리아 반도의 거대한 땅을 차지한 나라,
스페인은 오랜 세월 영광과 몰락을 함께 겪어온 역사의 무대다.
한때는 해가 지지 않는 제국으로 군림하며 세계 곳곳에
식민지를 세웠고, 금과 향신료로 유럽을 지배했다.
그러나 그 번영의 이면에는 종교 전쟁과 내전, 그리고 황금시대를
잃어버린 긴 침체의 그림자가 있었다.
20세기 중반 프랑코 독재정권을 거쳐 민주화의 길을 걸었지만,
오늘의 스페인은 여전히 과거의 영광과 현대적 도전 사이에서
균형을 모색하고 있다.

그들은 어떻게 세계의 중심에서 변방으로,
다시 부활의 길로 나아가고 있을까?
'두 바퀴 나그네'는 그 해답을 찾아 태양의 나라
스페인의 길 위로 페달을 밟는다.

스페인

Kingdom of Spain

마드리드의 야경

시간과 예술이 교차하는
스페인의 심장부

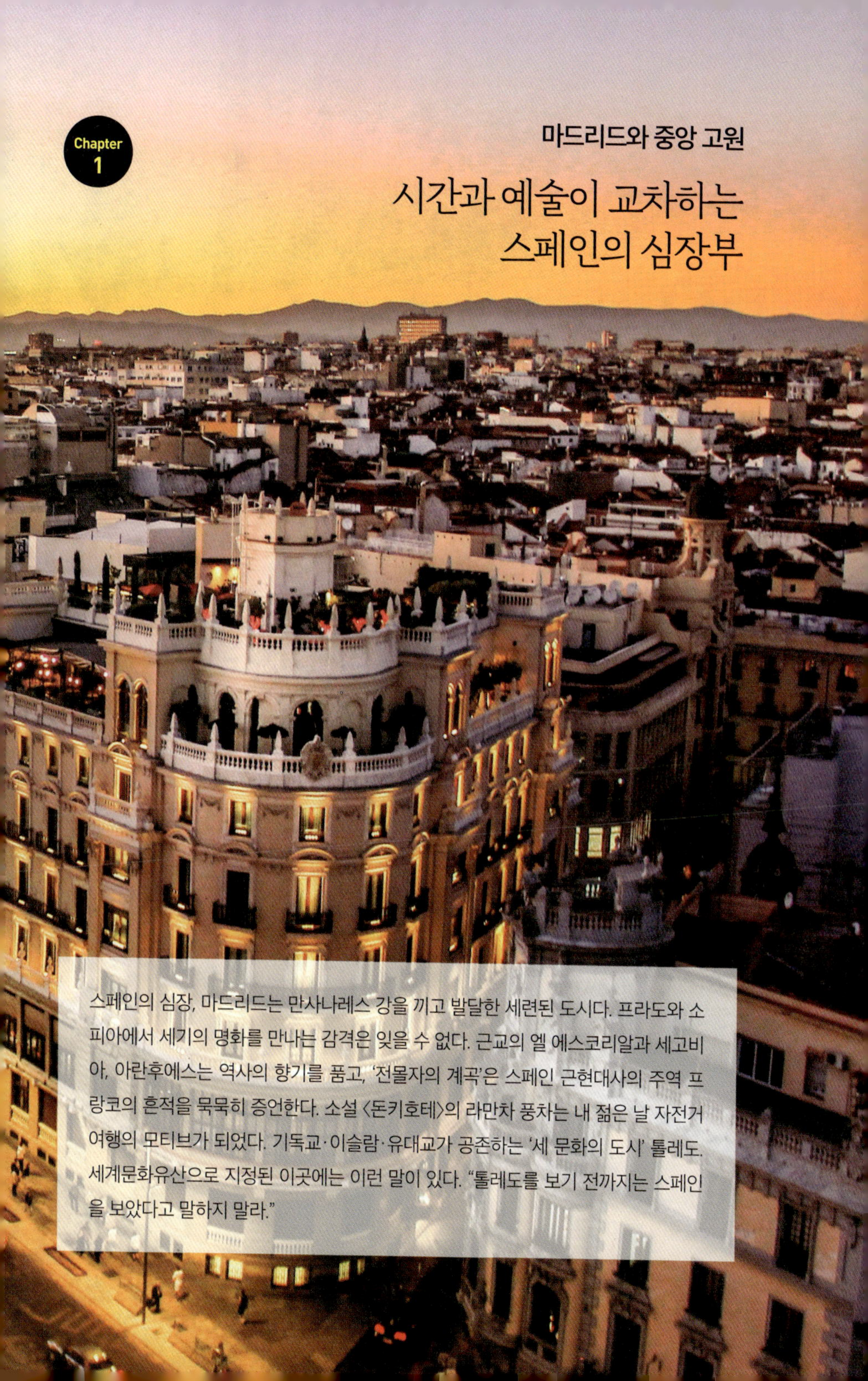

스페인의 심장, 마드리드는 만사나레스 강을 끼고 발달한 세련된 도시다. 프라도와 소피아에서 세기의 명화를 만나는 감격은 잊을 수 없다. 근교의 엘 에스코리알과 세고비아, 아란후에스는 역사의 향기를 품고, '전몰자의 계곡'은 스페인 근현대사의 주역 프랑코의 흔적을 묵묵히 증언한다. 소설 〈돈키호테〉의 라만차 풍차는 내 젊은 날 자전거 여행의 모티브가 되었다. 기독교·이슬람·유대교가 공존하는 '세 문화의 도시' 톨레도. 세계문화유산으로 지정된 이곳에는 이런 말이 있다. "톨레도를 보기 전까지는 스페인을 보았다고 말하지 말라."

만사나레스 강을 따라 조성된 마드리드 시민들의 휴식처. 자전거 도로는 물론 6개의 공원이 있다.
다리 디자인이 독특하다.

예술과 혁명의 수도,
마드리드를 거닐다

세스페데스를 알고부터

"조선의 추위는 혹독해 일본과는 비교도 안 된다. 많은 병사가 동상에 걸려 아침 미사를 올릴 때 행동이 부자유스럽다. 또한 굶주림과 추위, 질병 등으로 불쌍하기 그지없다. 마지막 식량선이 온 지 두 달이 넘었다."

조선 땅을 최초로 밟은 서양인은 누구일까.

바로 이 글을 쓴 그레고리오 데 세스페데스^{Gregorio de Cespedes, 1551~1611} 신부이다. 그는 스페인 예수회 소속으로 일본에 파송되었다. 세스페데스 신부는 1593년 12월 27일, 마흔둘의 늦은 나이로 임진왜란 당시 제1군 선봉장 고니시 유키나카小西行長(세례명 아우구스티누스) 휘하 군종 신부로 조선에 왔다. 난파선으로 제주도에 표착해 〈하멜 표류기〉를 남긴 네덜란드 동인도 회사 소속 선원 헨드릭 하멜보다 60년 앞선다.

필자는 몇 년 전 졸저 〈재팬 로드〉를 쓰며 이런 사실을 알고는, 언젠가 세스페데스의 고향 스페인(그는 톨레도에서 태어나 마드리드에서 성장했다)에 가서 그의 흔적을 더듬어보고 싶었다.

나는 왜 세스페데스에게 주목했을까?

첫 번째, 공식적인 기록으로 조선에 온 최초의 스페인 사람이란 역사적 의미 때문이다. 또한 임진왜란을 전쟁 당사자가 아닌 제3자의 객관적 시각으로 보았기 때문에 신빙성이 높다. 세스페데스가 모두 네 번의 '선교활동 보고서'를 본국 선교 본부에 보낸 기록이 지금도 스페인에 남아 있다. 그가 조선에서 보낸 보고서는 전쟁의 참상과 조선인의 삶을 기록한 귀중한 자료로, 스페인뿐 아니라 세계사에서도 임진왜란을 이해하는 데 중요한 사료로 평가된다.

두 번째, 비록 침략군의 군종 신부로 왔지만 조선인들에게 선행을 많이 베풀었다. 코를 베기 위해 한 마을을 도륙하는 왜군의 잔혹성을 직접 목격했기 때문이다. 일본에 돌아가서도 조선인 포로들에게 자비를 베풀었다. 그들에게 영세를 주며, 포르투갈 노예 상인에게 팔려가는 것을 막았다. 여러 사료에서 세스페데스 신부의 피침탈자에 대한 도움의 손길을 확인했다.

이는 50일간의 스페인 장정 시작에 큰 힘이 되어주었다.

스페인의 상징, 소

스페인 여정을 시작하며

여행을 싫어하는 사람이 있을까?

만약 인생에서 하고 싶은 것을 하며 마음대로 살 수 있는 기회가 주어
진다면, 많은 사람들이 '여행하며 먹고살기'를 택할 것 같다.

스페인 여행, 내 오랜 꿈이었다.

이름만 들어도 가슴이 뜨거워지는 나라. 많은 유럽 사람이 '살고 싶은
곳' 인기투표에서 단연 1등을 차지한 나라다. 스페인은 우리와 닮은 점이
많다. 과거 오랜 기간 이민족의 압제에도 불구하고 고유의 전통을 이어온
기질, 문화, 정치, 음식 면에서 그렇다.

진해에 있는 세스페데스 공원

스페인과 포르투갈을 품은 이베리아 반도는 '작은 대륙'이라 불린다. 포르투갈이 작은 나라이니 '스페인이 넓다'는 말이다. 한반도 두 배 반의 국토는 지형과 풍속, 민족까지 다양하다. 과거 이슬람 문화의 영향도 짙게 스며 있어 흐르는 문명의 통로이다.

"역사를 알고 여행을 하면 인생을 두 배로 산다"라는 말이 있다. 상상의 나래를 펴고 관련 서적을 탐독하며 여행을 준비하는 기간, 그 시간들은 실제 여행보다 더 재미있고 가슴이 뛴다. 역사, 지리, 인물, 전쟁, 사건, 풍물, 음악, 미술, 문학, 영화 등 모든 것이 여행 준비 자료다. "여행은 온몸으로 떠나는 독서"란 말처럼 자전거 여행과 독서, 글쓰기는 내 인생을 지탱해주는 세 키워드이기도 하다.

"아니, 어째 이런 일이!"

수도 마드리드는 스페인 내륙의 중심에 자리 잡고 있다.

동서남북 어디로나 이동하기 편리하다. 그래서 수도가 되었나보다. 이번 여행길은 마드리드를 출발점이자 종점으로 정했다. 즉, 마드리드로 입국해 어떤 형태로든 이베리아 대륙을 한 바퀴 돌고 다시 원점으로 돌아오기로 했다.

'바하라스' 국제공항은 마드리드의 관문이다. 그곳에 가는 방법은 가격에 따라 경유편과 직항편으로 나눌 수 있다. 자전거와 함께 간다면 좀 비싸더라도 직항편이 유리하다. 중간에 비행기가 바뀌면 환적換積으로 인해 파손 및 분실 우려가 커진다. 그런데 직항편은 대한항공 한 노선뿐이니 선택의 여지가 없었다. 무엇보다 나의 관심사는 공항 시설이었다. oversized cargo를 운반하는 컨베이어 벨트가 없어 조바심이 일었다. 자전거가 일반 짐과 뒤섞여 나왔기 때문이다.

입국심사나 세관검사는 별로 까다롭지 않았고, 관리들의 표정도 호의적이었다. 나 역시 간단한 스페인어 "올라Hola!"(안녕하세요?), "무차스 그라시아스Muchas Gracias!"(고맙습니다!)를 구사하니 그들도 밝은 미소를 지었다. 늦은 밤 도착이라 서울에서 예약한 민박집 주인이 공항에 나와주어 별 어려움 없이 숙소에 도착했다. 자전거 '안위'가 걱정이 돼 바로 조립부터 했다.

불길한 예감은 적중했다.

뒷바퀴가 돌지 않는다. 자세히 보니 디스크 브레이크가 약간 휘어 있었다. 아니 이런! 두꺼운 천으로 만든 운반 가방(세미 하드케이스)이 다른 가방에 눌렸다면 빤한 노릇 아닌가. 불운을 곱씹기보다 '프레임이나 포크가 온전한 것이 얼마나 다행인가'라는 긍정 모드로 마음을 고쳐먹었다.

불안한 첫 밤을 보냈다.

이튿날 아침, 식사를 하는 둥 마는 둥 하고 근처 자전거 숍을 찾아 나섰다. 내가 묵은 숙소 엠바하도레스 지역은 마드리드 부도심으로 제반 상점이나 생활 편의점들이 잘 갖추어져 있다. 다행히도 숍은 그리 멀지 않은 곳에 있었다. 브레이크 디스크는 한번 중심이 틀어지면 바로잡기 어렵다. 마침 재고가 있어 신품으로 교체하니 바퀴 회전이 원상으로 돌아왔다.

'솔 광장'에서 '솔로'로 발대식

자, 이제 자전거도 고쳤으니 마드리드 시내 지도 한 장 들고 주유走遊에 나섰다. 자전거 테스트 겸 시차 적응을 위해서였다. 빠른 시차 적응 방법은 도착 다음 날 여기저기 최저 50km 이상을 돌아다녀 낮잠 대신 몸을 피곤하게 만든다. 이때 아침 '폐기물 처리' 습관도 같이 현지 시간에 적응하도록 한다.

중심 거리 그랑 비아Gran Via를 향해 페달을 밟았다.

도시 구획을 정비할 때 파리 샹젤리제 거리를 벤치마킹했다. 1.5km 대로에 명품 숍, 호텔, 고급 레스토랑들이 늘어서 있다. 길이 끝날 즈음 아담한 공원에 도착했다. 도심 한복판에 공원이라니! 그 이름은 스페인 광장Plaza de Espana.

'스페인 광장'은 보통명사로, 스페인 웬만한 도시에는 한 곳 이상 꼭 있다. 공원 안에 두 사람의 기마상이 눈에 들어왔다. 로시난테(늙은 말 이름)를 타고 있는 돈키호테와 종자 산초였다. 이 기마상은 세르반테스 사후 300주년을 기념하여 세웠다. 그가 떠난 지 오랜 세월이 흘렀지만, 아직도

마드리드 시내에 있는 스페인 광장. 청동상이 돈키호테와 시종 산초다.

부동의 '국민 작가' 대우를 받고 있다.

스페인 광장을 떠나 왕궁Palacio Real을 향해 가다 보면 '솔 광장'이 나온다. 원명은 '푸에르타 델 솔Puerta del Sol'이다. 스페인 하면 '강렬한 태양'을 떠올리는데, 여기가 진원지일지도 모른다. 광장은 중세 때 축제를 벌이고 왕가의 의식, 혹은 종교재판을 열어 마녀 화형식을 하는 등 시민 생활의 구심점이기도 했다.

솔 광장은 '마드리드 여행의 1번지'라 불린다. 마요르 광장Plaza Mayor과 더불어 대부분의 여행자가 첫발을 내딛는 곳이다. 마드리드를 상징하는 거대한 곰 상이 서 있고, 스페인 각지로 뻗어나가는 도로의 기점을 알리

↑ 마요르 광장. 1619년 펠리페 3세에 의해 조성되었으니 역사가 깊다. 9개의 아치문을 통해 마드리드 어느 방향으로나 갈 수 있다. ↓ 솔 광장의 명물인 곰 상은 마드리드의 상징이다.

는 0km 포인트가 있다. '증명사진'의 명소로 유명해 여기서 독사진 찍기는 쉽지 않다.

나는 여정을 처음 시작할 때 그 나라의 가장 상징적인 곳을 찾아 발대식을 하는 습관이 있다. 물론 혼자서. 태극기와 스페인 기를 자전거에 부착하고 첫 기념사진을 찍었다. 애마를 어루만지며 경건한 마음으로 안전과 무사 귀국을 염원했다. 그리고 인근 카페에 들어가 시원한 생맥주 세르베사cerveza 한 잔에 타파스(작은 접시에 담아주는 일종의 에피타이저)와 하몽(돼지 뒷다리 훈제한 것) 몇 조각으로 조촐한 뒤풀이를 마쳤다.

프라도 미술관

마드리드는 유럽의 여느 수도에 비해 역사가 짧다.

1561년 펠리페 2세가 톨레도에서 마드리드로 수도를 옮겼으니 450년 남짓이다. 그래서 역사적 볼거리가 많은 편은 아니다. 볼거리가 여러 도시에 흩어져 있어 스페인을 제대로 알려면 많은 도시를 들러야 한다. 한정된 일정 중 마드리드에서 집중적으로 시간을 써야 할 곳은 프라도 미술관과 소피아 미술관, 두 곳이라 판단했다.

프라도 미술관Museo del Prado은 세계 3대 미술관 중 하나다. 우열은 가릴 수 없지만 파리의 루브르, 상트페테르부르크의 에르미타주가 뒤를 잇는다. 렘브란트나 루벤스, 고흐 등 유럽 대가의 작품은 어느 나라 주요 미술관에 가면 다 감상할 수 있다. 그러나 고야, 벨라스케스, 무리요 등의

프라도 미술관. 벨라스케스가 화구를 들고 앉아 있다. 스페인의 대표적인 고전주의 건축물.

걸작은 오직 프라도에서만 볼 수 있다. 이것이 꼭 프라도를 찾아봐야 할 이유다.

왜 스페인 화가들은 고립되어 있었을까?

과거 서유럽 사람들은 이런 말을 했다.

"피레네 산맥을 넘으면 유럽이 아니다Africa begins at the Pyrenees."

프랑스와 피레네 산맥으로 국경을 맞대고 있는 스페인을 '미지의 땅'으로 좋게 해석할 수 있다. 일면, '아프리카 수준'이라는 경멸적 의미도 살짝 숨어 있다. 반작용일까, 스페인에는 이런 속담도 내려온다.

계몽주의 시대 이래 유럽 국가들은 산업혁명 등으로 일찍이 근대화의 길을 걸었다. 유독 스페인은 봉건 의식에 젖어 헤어나지 못했다. 또한 근 800년이란 긴 세월, 이슬람 문화의 지배를 받아 그 '물'이 쉽게 빠지지 않은 것도 주요인이다. 그러고 보면 미술과 문학을 제외하면 철학을 비롯해 과

벨라스케스의 대표작 〈시녀들〉(1656년, 318×276cm)

학, 의학 등 이공 분야에서 스페인은 유럽에 별로 기여한 바가 없다.

20세기 들어서 과학의 발전으로 '피레네 장벽'은 무너졌다. 또 불세출의 천재 화가 피카소와 살바도르 달리가 등장하면서 스페인의 문화 위상은 올라가기 시작했다.

'프라도'란 초원이란 뜻이다.

이 일대는 당시 목장지대로 한적한 외곽 목초 지역이었다. 프라도는 '왕립 회화 및 조각 박물관'이란 이름으로 출발했다. 건물은 1785년 카를로스 3세의 지시로 당대의 건축가 후안 데 비예누에바Juan de Villanueva가

↑〈옷을 벗은 마하〉(1797~1800년경, 190×97cm). 중년의 고야는 이 부인을 열렬히 짝사랑했다.
↓〈옷을 입은 마하〉(1800~1805년경, 190×97cm). 두 사람의 관계를 의심한 남편 알바 공작이 언제 화실을 덮칠지 몰라 옷을 입은 그림을 그려두었다고 한다.

설계했고, 1868년 지금의 국립미술관으로 변신했다. 컬렉션은 12세기에서 19세기 사이, 순수 스페인 작품들이 주류를 이룬다. 총 소장 작품은 8,600점이며, 현재 100개의 전시실에 1,300점이 전시되고 있다.

스페인 최초의 누드화?

나는 평소 관심이 많았던 고야 전시실을 먼저 찾았다.

프라도에는 고야의 작품만 100점이 넘는다. 하지만 문제의 두 점, 〈옷을 벗은 마하The Naked Maja〉와 〈옷을 입은 마하The Clothed Maja〉가 특히 '유명세'를 떨친다. 화가와 모델과의 부적절한 관계로 작품이 종교재판까지 받았기 때문이다.

문제의 알바 공작 부인 손가락

모델이 된 여인은 알바 공작 부인 카에타나였다. 그렇다면 그들의 관계는 어디까지였을까? 당시 이 스캔들로 마드리드 사교계는 떠들썩했다. 신화에서만 허용되는 여체의 은밀한 부분을 현실 여인에게서 그려냈기 때문이다. 엄격한 가톨릭 국가인 스페인에서 일어날 수 없는 '대사건'이었다.

이들 관계를 방증하는 또 하나의 작품이 있다. 고야가 그린 알바 공작 부인 기립 전신 초상화다. 그녀의 손가락이 땅바닥에 쓰인 글씨 'Solo Goya나에게는 고야뿐'를 가리키고 있다. 여기서 한발 더 나아간다. 손을 확대해보면 중지에 'ALBA', 검지에 'GOYA'라고 쓰인 반지를 끼고 있다.

그러나 고야는 종교재판 심문에서 모델 신상에 대해 끝까지 함구했다. 그저 '마하'라고만 말했을 뿐(마하는 스페인어로 '끼 있는 여인' 정도의 뜻이다).

어쨌든 〈옷을 벗은 마하〉는 종교재판에서 외설로 간주되었고, 그 결과 어두운 창고에서 100년을 잠자다가 빛을 보았다.

예술가의 사랑, 고야 그리고 브람스

고야의 〈자식을 잡아먹는 사투르누스〉(1819~1823년경, 81×143cm). 사투르누스는 로마 신화에 나오는 농사의 신이다. 나는 이렇게 잔인하고 역겨운 그림은 처음이다.

프란시스코 데 고야Fransisco de Goya, 1746~1828는 사라고사에서 태어났다. 일찍이 르네상스의 본향 이탈리아 피렌체로 유학을 떠났다. 귀국 후 카를로스 4세의 전속 화가가 되었고, 왕과 귀족들의 초상화를 주로 그리며 생활은 윤택해졌다. 그러나 그리고 싶은 그림을 못 그려 갈등이 계속되던 중, 중병(매독설 혹은 수은중독설)을 앓으면서 청력을 상실하고 만다.

이 무렵 관능미 넘치는 문제의 알바 공작 부인을 만났다. 부적절한 관계가 세인의 입에 오르내리자, 공작 부인이 먼저 관계 청산을 요구했다. 고야는 이성을 잃을 정도로 상심했고, 실연의 상처는 작풍마저 바꿔놓았다. 따뜻하고 부드러운 기법은 사라지고, 역겹고 공포감을 자아내는 검은 톤의 '어두운 그림'이 주종을 이루게 됐다. 어느 시대, 어느 사회든 유명인의 사랑은, 불륜이라면 더욱 '가십거리'가 된다. 오늘날까지 많은 사람들이, 나를 포함해, 프라도 미술관을 찾는 이유도 이런 호기심 때문일지도 모른다.

여기서 나는 수년 전, 독일 함부르크의 '브람스 기념관'을 찾았던 기억을 떠올렸다. 그곳에 가면 의문이 풀릴까 하는 막연한 기대 때문이었다. 기념관장을 만나 직접 물어보기도 했다. 요하네스 브람스와 미모의 피아니스트 클라라 슈만의 관계. 두 사람의 관계는 브람스 음악을 사랑하는 사람들에게 여전히 호기심을 자아낸다.

브람스는 독신이었고 클라라는 과부였으니 불륜은 아니었다. 하지만 일곱 아이의 어머니이자 14년 연상, 그리고 스승 슈만의 아내였던 그녀를 브람스는 뜨겁게 사랑했다. 젊고 장래가 촉망되던 브람스에게 많은 여성들이 청혼했지만, 그는 모두 물리쳤다. 클라라와 40여 년 동안 800통이 넘는 연서를 주고받을 정도로 그녀에게 '올인'했다. 클라라가 병으로 쓰러지자 브람스는 〈네 개의 엄숙한 노래〉를 작곡해 바쳤다. 그녀가 세상을 떠난 지 채 1년도 되지 않아 그도 세상을 떠났다. 향년 64세, 독신이었다.

소피아 미술관

명성은 프라도와 쌍벽을 이루며 주로 현대 작품을 전시하고 있다.

소피아 미술관Museo Reina Sofia의 성가를 올린 세 거장은 파블로 피카소Pablo Picasso, 1881~1973와 살바도르 달리Salvador Dali, 1904~1989, 그리고 후안 미로Joan Miro, 1893~1983이다. 피카소 작품은 종종 보아왔지만 달리는 처음이라 기대가 한껏 부풀어올랐다. 마침 내가 간 시간은 무료입장이 허용되었다.

소피아 미술관. '왕비 소피아(Reina Sofia)'란 이름대로 당시 왕비의 이름에서 따왔다. 18세기 신고전주의 양식 건물에 최신식 통유리 엘리베이터가 있어 파리의 퐁피두 센터를 연상케 한다.

문화 강국임을 보여주는 스페인의 단면을 엿볼 수 있었다.

뭐니 해도 이곳의 아이콘 격인 작품은 피카소의 〈게르니카Guernica〉이다. 작품도 크지만 넓은 전시실은 항상 사람들로 붐빈다. 게르니카는 스페인 북부 바스크 지방에 있는 인구 1만 5천 명 정도의 작은 도시다. 스페인 내전이 한창이던 1937년 4월 26일 오후, 콘도르 부대Condor Legion라 불리는 독일 정예 전폭기 편대가 나타나 폭탄을 쏟아부었다. 날벼락 같은 공습에 일대는 아비규환으로 변했고, 2,500여 명의 사상자를 내며 무방비 도시는 초토화됐다.

반란군 프랑코 장군의 요청에 히틀러가 즉각 화답한 것이다. 당시 독일 공군사령관 헤르만 괴링은 신무기와 전술의 성능을 실전에서 시험할 장소를 물색 중이었다. 프랑코에게는 자신에게 반기를 드는 바스크 지역에 대한 경고이자, 뒤에 든든한 후원자 히틀러가 있다는 과시용이었다.

피카소의 〈게르니카〉(1937년, 776×349cm). 항상 사람이 붐빈다.

"조국이 민주화되는 날, 내 그림을 보내주오"

이 비극적인 사건은 프랑코의 집권으로 묻혀버릴 수도 있었다.

예술의 힘은 크다. 이 한 폭의 그림이 세계적으로 큰 반향을 일으켰고, 지금까지도 세계인에게 각인되고 있다. 작품 사본이 현재 뉴욕 UN 본부에 걸려 있는 것만 봐도 알 수 있다.

피카소는 이 작품을 무채색, 흑백으로 그렸다. 이로 인해 추상화된 형태와 신화적 상징주의, 시사적 증거의 면모를 모두 갖추었다. 1937년 파리 만국박람회 스페인 관 벽화로 처음 선보이며 이목을 끌었다.

그림에는 역사, 이야기, 전설, 비극, 은유 등 수많은 얘깃거리가 함축돼 있다. 죽은 아이를 안고 우는 어머니, 쓰러진 사람들, 황소, 말, 불타는 건물, 하늘을 보며 두 팔을 들고 절규하는 사람, 한 손에 부러진 칼을 든 채 바닥에 널브러진 시체도 있다. 그러나 이 아수라장 속에서도 꽃은 피어난다. 이런 식의 산만한 구성은 혼란스럽다. 무슨 뜻인지 정확히 알 수 없다. 작가만이 알 것이다. 아니, 그도 모를 수 있다.

그림에는 용감한 예술가의 한 단면을 보여주는 일화가 전해진다. 1942년, 파리의 작업실에 들이닥친 나치 장교가 〈게르니카〉를 보고 물었다.

"당신이 그렸소?"

피카소는 대답했다.

"아니오, 당신들이 그렸소!"

1973년, 피카소는 세상을 떠나며 "고국에 민주 정치가 부활되는 날 〈게르니카〉를 스페인 땅에 보내주오"라는 유언을 남겼다. 1975년 독재자 프랑코가 죽은 후에야, 뉴욕 현대미술관에 전시돼 있던 이 작품은 마침내 고국으로 돌아올 수 있었다.

달리, 초현실주의의 원천

"그림을 이렇게도 그릴 수 있구나!"

달리의 작품 앞에서 감탄사가 절로 나왔다. 과거 책에서 그의 그림을 처음 접했을 때 느꼈던 난해함, 오묘함, 신비로움에 전율했던 기억이 떠올랐다. 뛰어난 화가는 우리로 하여금 세상을 더 잘 보도록 해준다. 화가는 '제3의 눈'으로 세상을 보기 때문이다. 그래서 천재적 재능이 예술적 광기로 표출되는 예술가들이 존재한다. 이 광기가 지나치면 미치광이로 취급되기도 하지만.

지식욕이 목마르던 대학 시절, 정신과 의사 출신 지그문트 프로이트Sigmund Freud, 1856~1939의 〈정신분석학 입문〉이나 〈꿈의 해석〉 따위를 탐

달리의 〈기억의 지속〉(1931년)

독하던 때였다. 나는 두 사람의 연관성을 어렴풋이 짐작했는데, 여기에 와서 보니 달리가 프로이트의 지대한 영향을 받았음을 직감했다.

1904년에 태어난 달리는 청년 시절 오만하고 돌출적인 행동으로 마드리드 국립미술학교에서 퇴학당했다. 시간이 지나도 인간은 변하지 않는다고 나는 생각한다. '그 사람은 그 사람'일 뿐이다. 그는 늘 무의식 속에서 방황했다. 인자했던 어머니와 형의 죽음, 자신을 향한 부친의 집착증은 그에게 우울증과 망상증을 불러왔다. 성욕과 여성 편력 역시 그의 정신세계를 지배하는 큰 난관이었다.

달리는 무의식의 세계를 탐구한 정신분석학의 대가 프로이트를 흠모했다. 프로이트는 인간의 성적 충동과 억압을 모든 인간 행동의 주요인으로 보았다. 달리는 프로이트가 정의한 '리비도'나 오이디푸스 콤플렉스

달리가 스케치한 멘토, 〈프로이트〉(1938년)

Oedipus Complex에도 크게 공감했다. 자신의 고통을 해결하고자 달리는 런던에서 프로이트를 만나 정신 상담을 받았다. 짧은 만남이었지만 그는 화가답게 프로이트의 초상을 스케치했고, 후에 펜과 잉크로 완성해 대가에 대한 존경심을 표현했다.

아내 겸 모델, 갈라

비상식적이고 요상한 수수께끼 같은 그림으로 화가는 말하고 있다. 그래서 그의 작품들은 고백해야 할 무언가를 불안하게 숨기고 있는 것처럼 보인다. 바로 그 불안감이 우리로 하여금 각자의 내면에 똬리를 틀고 있는 잠재된 성, 고민과 번뇌, 상실과 두려움을 마주하게 만든다.

그의 초현실주의 작품은 겉으로는 아무렇지도 않은 듯 태연하다. 하지만 그 안에는 의식의 흐름 기법을 타고 온갖 갈등이 난무하는 현대인의 내면이 담겨 있다. 이런 의미에서 달리의 작품은 현대인의 내면을 비추는 거울과도 같다. 작가의 의도를 어렴풋이 짐작할 수는 있지만 정답은 없다. 바로 이런 점이 작품의 묘미다.

프로이트 다음으로 달리의 예술 세계에 큰 영향을 끼친 사람은 10년 연상의 아내였다. 유부녀였던 갈라(본명 엘레나 디아코노바, 슬라브계)에게 그는 첫눈에 반해버렸다. 시인 남편과 이혼한 갈라는 25세였던 달리의 반려가 된다. 아내이자 모델, 뮤즈였던 갈라. 그녀에 대한 세인의 평가는 극단적으로 엇갈린다. 하지만 오늘의 달리를 만든 예술성의 원천이었음은 부인할 수 없다.

영면을 방해받은 사람들

만년에 명성과 재산도 많이 모았다.

85세까지 살았으니 수壽를 누렸지만 '죽어서 불행'했다. 그게 무슨 말인가? 부관참시剖棺斬屍를 당했기 때문이다.

몇 년 전, 아벨 마르티네스라는 60세 여성이 나타났다. 자신이 달리의 친자, 즉 생물학적 딸이라고 주장하며 정부를 상대로 소송을 제기했다.

"1950년대 중반, 부친이 살던 포트 리가트Port Ligat 집에서 생모가 가정부로 일할 때 관계를 맺어 내가 태어났다. 후사가 없는 부친에게 나는 유일한 상속자이니, 현재 스페인 정부가 소유한 부친의 모든 작품을 반환·인도하라."

작품 가치는 계산해볼 것도 없이 천문학적 규모였다.

여기까지는 있을 수 있는 일이다. 하지만 내가 도저히 이해할 수 없었던 건 스페인 법원의 결정이었다.

카탈루냐 고등법원은 이렇게 판결했다.

"친자 관계를 확인할 단서가 부족하니 시신에서 DNA를 채취하라. 화장火葬을 하지 않았으니 가능하다."

달리 & 마르티네스. 닮았나요?

2017년 7월, 스페인 북부 피게레스에 있는 그의 무덤에서 1톤이 넘는 관이 세상에 모습을 드러냈고, 사후 28년 만에 관 뚜껑이 열렸다. 유일한 상속자라 주장한 마르티네스를 비롯해 관계자들이 입회한 가운데 문화부 장관 멘데스 드 비고는 "가슴이 무너져내린다"며 통탄했다.

3개월 후, 달리 재단은 DNA 분석 결과를 발표했다.

"마르티네스는 달리의 친생자가 아님이 판명되었다. 이제 이 논란을 종결한다. 마르티네스는 발굴 비용 등 제반 손해를 배상하라."

스페인 사람은 다혈질이라 끝장을 봐야 직성이 풀린다.

조금 오래전 일이지만 비슷한 사례가 있다. 200여 년 전 고야와 염문을 뿌렸던 알바 공작 부인의 경우다. 그 가문의 후손들이 조상의 명예 회복을 위해 그녀의 관을 파내고 뚜껑을 열었다. 고야의 〈옷을 벗은 마하〉의 모델이 조상인지 확인하려 한 것이다.

당시가 1945년이었으니 지금처럼 법의학적 유전자 감식이 가능할 리 없었다. 그럼에도 유골 형태와 그림 속 체형을 비교해 진위를 가리려 했지만, 세월이 너무 흘러 육탈^{肉脫}은 물론 백골도 진토가 된 상태였다. 결국 아무런 성과 없이 조상만 욕보이고 관뚜껑을 다시 닫아야 했다.

엘 에스코리알의 위용과
프랑코의 그림자

역사는 유물로 말하고, 역사적 인물은 기념비적 유물을 남긴다

엘 에스코리알El Escorial은 마드리드에서 차로 한 시간 정도 거리에 있다. 왕궁과 성당, 수도원이 마을 대부분을 차지하고 있다. 과다라마 산맥 자락에 거대한 궁전이 위풍당당 자리 잡고 있는데, 보통 궁전 하면 미려한 외관을 떠올리지만 이 건물은 무미건조한 난공불락의 요새 같다. 어디서 건물을 카메라에 담을까 머리를 짜도 뷰파인더에 일부만 들어올 정도로 크다.

'해가 지지 않는 제국'이라면 대부분 대영제국을 떠올리지만, 이보다 훨씬 먼저 거대 제국을 건설한 사람이 있었다. 1516년 행운의 결혼으로 스페인을 인수한 합스부르크 왕가의 카를 5세Charles, 1500~1558, 재위 1516~1556, 펠리페 2세재위 1556~1598의 부왕父王이다. 1556년 프랑스가 스페인 지배하에 있던 이탈리아(나폴리 왕국)를 침공하자, 펠리페 2세는 당시

엘 에스코리알 궁전 전경. 1563년 착공해 1584년에 완공된 르네상스 양식 건축물로, 펠리페 2세의 지시로 건설되었다. 궁전, 수도원, 도서관, 왕릉을 겸비한 복합 건축물로 '사자에게 바친 요새'라는 별칭을 갖고 있다.

성당 내부의 찬란한 벽화. 유럽 여느 유명 박물관 못지않다.

식민지 네덜란드에 주둔하던 군대를 출동시켜 생캉탱Saint Quentin(파리 북부의 작은 도시) 전투에서 승리했다. 이 기쁨을 오래 기념하기 위해 그는 1563년부터 1584년까지 무려 21년간 공을 들여 엘 에스코리알 궁전을 완성했다.

가로 206m, 세로 161m의 대형 건물에 정원만 26개, 분수 88개, 창문이 2천 개가 넘는다. 마치 우리의 종묘宗廟처럼 역대 스페인 왕과 가족들이 묻혀 있는 중요한 궁전이어서 '사자死者에게 바친 요새'라는 별칭도 있다. 국가 재정이 바닥날 정도의 대공사는 강력한 군주가 아니면 불가능했다. 그러나 역설적으로 이 궁전은 장엄하고 화려했던 시대가 어떻게 저물어갔는지를 보여준다. 허세와 불관용, 오만은 불과 100년도 채 안 되어 제국을 무너뜨렸고, 스페인은 다시 이베리아 반도 안으로 움츠러들었다.

이역에서 떠올린 조선의 비운

펠리페 2세는 스페인 역사상 가장 방대한 영토를 호령했다.

유럽에서는 네덜란드, 당시 도시 국가였던 나폴리, 시칠리아, 밀라노 등을 거느렸고, 신대륙에서는 멕시코, 페루, 아르헨티나, 아시아에서는 필리핀까지 지배했다. 1521년, 포르투갈의 항해사 마젤란은 긴 항해 끝에 큰 섬 여러 개를 발견했다. 펠리페 2세의 후원으로 탐험에 나섰으니, '펠리페의 땅'이라는 의미에서 필리핀이라 이름 지어졌고, 이후 스페인의 속국이 되었다.

세월은 흘러 1905년 7월, 도쿄에서 미국과 일본 간에 조약이 체결되었다. 일본 수상 가쓰라桂太郎와 미국 국무장관 윌리엄 태프트William Taft 사이에 맺은 협정이었다. 이 협정은 표면적으로는 양국의 극동 문제에 대한 의견 교환처럼 보였지만, 실질적으로는 영토 지배권을 거래한 비밀 합의였다. 이면裏面 내용은 미국이 필리핀을 차지하는 조건으로 일본에게 조선의 보호권을 인정한다는 것이었다. 일명 '가쓰라 – 태프트 밀약'이다.

당시 미국은 하와이 제도를 합병하며 태평양 진출을 도모했고, 일본은 조선을 발판으로 대륙 진출을 기도하고 있었다. 양국의 야심찬 목적 앞에서 조선은 제물이었다. 이 밀약은 을사늑약의 신호탄이었다. 외교권과 국방권을 빼앗긴 조선에겐 험난한 가시밭길이 기다리고 있었다.

"나는 이미 영국과 결혼했어요"

펠리페 2세의 스페인은 '해가 지지 않는 제국'을 구가했다.

붕괴 조짐은 의외로 빨리 찾아왔다. 칼레 해전에서 대패했기 때문이다. 그는 조그마한 섬나라, 처녀 여왕 엘리자베스 1세가 이끄는 영국을 대수롭지 않게 여겼다가 큰 낭패를 보았다. 반대로 영국은 지중해 제해권을 장악하는 획기적인 전기를 마련했다.

한때 형부와 처제 사이였던 두 사람은, 언니인 메리 여왕이 죽자 펠리페 2세가 엘리자베스 1세에게 청혼하면서 또다시 얽혔다. 그러나 그녀는 "나의 신랑은 영국"이라며 거절

젊은 시절의 엘리자베스 1세. '평생 처녀로 살다 간 왕'이라는 비석만 세워주면 만족한다고 했다.

했다. 펠리페 2세는 신교 국가인 영국을 가톨릭으로 바꿀 속셈이었고, 엘리자베스 1세는 이를 간파했다. 하늘 높은 줄 모르던 펠리페 2세는 자존심에 큰 상처를 입었다. 두 사람의 관계가 훗날 세계사의 물줄기를 바꾸리라고는 당사자들도 상상 못 했을 것이다.

1560년대, 펠리페 2세는 아메리카 식민지에서 금과 은을 채굴해 국고 수입의 주된 재원으로 삼았다. 이를 노린 영국의 해적 프랜시스 드레이크

가 족족 약탈해 엘리자베스 1세에게 바쳤다. 펠리페 2세가 여왕에게 드레이크의 처벌을 요구했지만, 엘리자베스는 오히려 그에게 기사 작위를 수여했다. 이 사실을 안 펠리페 2세는 화가 머리끝까지 치밀었으나 평정심을 잃지 않았다.

스페인이 지배하던 네덜란드에서 신교도가 반란을 일으켰다. 영국이 반란군을 지원해 스페인 주둔군을 공격했다. 신·구교 간의 종교전쟁이었다. 구교를 국시로 신봉하는 펠리페 2세는 더 이상 참을 수 없었다. 그는 전쟁을 결심하고 그간 증강시켜온 해군력, 당대 최강 '무적함대'에게 출동을 명령했다.

'바람'의 전쟁

1588년 5월, '무적함대Spanish Armada'는 리스본 항을 출항했다.

전함 127척에 1,124문의 대포를 장착하고, 수병 8천 명과 보병 1만 9천 명이 승선했다. 세계 6대 해전 중 하나로 꼽히는 칼레 해전은 영국과 프랑스 사이 칼레Calais 앞바다에서 벌어졌다. 이 싸움은 '골리앗과 다윗의 대결'에 비유됐다. 막상 뚜껑을 열어보니 골리앗은 형편없는 약체였다.

스페인 무적함대의 갤리온Galleon 선 전술은 포격으로 적선에 접근해 쇠갈고리로 끌어당기고, 보병이 적선에 올라가 백병전을 벌이는 방식으로 과거에는 잘 먹혔다. 영국은 이를 대비해 근접전을 피하고 사정거리가 긴 대포로 멀리서 공격했다. 또 접근하면 기동성이 뛰어난 배로 방향을 바꿔 바다를 종횡무진 누볐다. 더욱이 칼레 앞바다와 도버 해협은 드레이크의 '홈그라운드'였다. 물살, 기후, 바람의 방향까지 그는 훤히 꿰고 있었다. 반면 무적함대는 리스본을 떠나 석 달 넘는 항해에 지쳐 있었고, 보급품도 바닥난 상태였다.

칼레 해전 상상도

1274년과 1281년, 중국 원나라는 두 차례 일본 침공(元日戰爭)을 시도했지만 태풍으로 좌절됐다. 일본은 이를 하늘이 도왔다 하여 '가미카제神風'라 부르며 경외했다. 주지하다시피, 태평양 전쟁 말기 전황이 불리해지자 일본은 제로센 전투기에 폭탄을 싣고 미군 함정에 돌격하는 자살 특공대의 이름을 가미카제로 붙였다.

당시 드레이크는 바람의 방향을 예측하고 화공火攻을 계획했다. 하늘은 영국 편이었다. 스페인 무적함대를 향해 강한 바람이 불기 시작했다. 드레이크의 쾌속선은 밀집 대형을 이루던 무적함대에 근접해 화공 작전을 펼쳤다. 스페인 함대는 불바다가 되었고, 전투는 영국의 압승으로 막을 내렸다. 영국인들은 이를 '개신교의 바람Protestant God's wind'이라 불렀다.

과다라마 산 속의 거대한 십자가, 전몰자 계곡

스페인의 현대사를 알기 위해서는 '전몰자 계곡El Valle de los Caidos'을 빼놓을 수 없다. '로스 카이도스'란 전몰자라는 뜻으로, 스페인 내전Spanish Civil War, 1936~39 중 희생된 망자의 안식처다. 내전으로 권력을 잡은 프랑코가 1940년부터 짓기 시작해 1958년에 완공했다.

음택陰宅 명당은 동서양을 막론하고 아늑함이 우선인 듯하다. 웅장한 과다라마 산세에 둘러싸여 좌청룡·우백호를 거느린 형상이다. 가는 도중 멀리서도 십자가가 눈에 들어왔다. 산 위에 우뚝 솟아 있는 거대한 십자가는 인간의 오만함을 경계한 바벨탑의 전설을 떠올리게 했다.

묘역에 도착해 성당을 먼저 찾았다. 설마 했지만, 바위산 내부에 엄청난 넓이의 성당이 자리 잡고 있어 놀라웠다. 성당과 수도원으로 구성된 이 묘역을 혹자는 '단일 기념물로는 20세기 최대'라 평한다. 거대한 암산을 폭파해 이런 공간을 만들기까지 얼마나 많은 희생이 있었을까. 바위 안이라서 한기가 파고들었는데, 꼭 온도 때문만은 아니었다. 묘한 음기陰氣가 옷깃 사이로 스며들었다.

입구에서 한참을 걸어 들어가니 프

전몰자 계곡 가는 길. 아득한 거리인데, 십자가가 육안으로 보일 정도로 크다.

⬆ 전몰자 계곡의 성당 전면 ⬇ 성당 내부

성당 내부에 있는 프랑코 묘소

랑코의 시신이 안치된 묘가 있다. 거기서 천장까지 높이는 무려 45m. 바로 그 위 암반에 높이 125m, 가로 46m의 초대형 십자가가 세워져 있다.

프랑코는 길이 300m의 이 건물을 완성하고 바티칸 교황청으로부터 성당 지위를 추인받고자 했다. 그러나 교황청은 거부했다. '그 어떤 성당도 바티칸 베드로 대성당보다 커서는 안 된다'는 규정을 어겼기 때문이다. 결국 프랑코는 내부에 중간 문을 설치해 성당 길이를 40m 줄인 끝에 겨우 허락을 받았다.

그가 직접 공사를 지휘한 이유는?

피로 정권을 잡은 프랑코는 전몰자의 영혼과 역사가 두려웠다.

오래 남을 거대한 성당을 만들어 '주님께 바치면' 자신의 과오가 탕감된다고 생각했을까. 그는 설계에서 시공까지 직접 지휘·감독했다. 공사는 국정 최우선 순위였다. 이념의 화합과 화해를 도모한다는 명분으로 내전에 희생된 4만여 기의 무덤을 정부군과 반란군 구분 없이 함께 안치했다.

공사의 최대 난관은 암반 발파였다.

정확한 통계는 알 수 없지만 무수한 사람들이 희생되었다고 한다. 죄수이기에 이름 없이 사라져갔다. 동원된 약 2만 명의 작업 인원은 주로 정치범으로 충당했는데, 하루 일하면 이틀 형기를 감해주었다고 한다. 공사비를 절약하고 명분도 챙긴 독재자의 절묘한 술수였다.

이곳은 종교적인 이해와 용서를 구하는 추모 공간이 아니었다. 프랑코 자신의 이기심을 충족시키는 전당이라는 느낌을 받았다. 집권 당시에는 성소였지만, 이제는 크기만 큰 공허한 관광지로 전락했다. 십자가로 올라가는 궤도 전차도 녹슬어 방치되고 있었다. 여기서 만난 스페인 사람이나 외국 방문객 모두 덤덤한 표정이었다. 나 역시 그랬지만 모두 '성전^{聖殿}'에 냉소적이었다.

스페인 내전

19세기 초엽부터 스페인은 극렬한 사상 대립으로 갈라졌다.

하나는 개방적이고 급진적이며 범세계적인 지식인과 진보주의자들이 이끄는 스페인, 다른 하나는 가톨릭에 기반한 엄격하고 폐쇄적이며 민족주의적인 보수주의자들이 이끄는 스페인이었다. 1930년대 당시 사회상은 서로의 틈을 메우기에는 골이 너무 깊어 "전쟁밖에 해결책이 없다"는 말이 공공연히 나돌았다. 당시 유럽 정세는 히틀러가 집권하는 등 전운이 감돌기 시작했다.

내전은 초기 단계부터 유럽은 물론 세계의 주목을 받았다. 소련과 멕시코가 공화파 정부군을, 독일과 이탈리아가 프랑코 반란군을 지원했다. 이런 의미에서 스페인 내전은 제2차 세계대전의 전초전 성격이 짙다.

스페인 내전을 전 세계에 알린 사진. 종군기자 로버트 카파의 〈정부군의 죽음〉.

미국을 비롯한 50여 개국 6만여 명이 위기에 처한 공화파 정부를 돕기 위해 스페인에 모여들었다. 정부 차원이 아닌 개인적 신념에 따라 참전한 이들을 '국제여단International Brigades'이라 부른다. 그들의 구호는 "당신과 나의 자유를 위하여!"였다.

지성인들의 참여도 눈에 띠었다. 대표적인 인사로는 헤밍웨이, 앙드레 말로, 조지 오웰 등이 펜 대신 총을 들었다.

전 세계에서 인적·물적 원조가 공화파 정부군에 답지했으나, 실제 전투에서는 일사불란한 체계의 프랑코 반란군이 우세했다. 1936년 10월, 프랑코가 부르고스에 임시정부를 세우자 독일이 즉각 승인하며 폭격기 100대를 지원했다. 뒤이어 이탈리아와 일본이 승인했다. 일본은 이탈리아가 만주국을 승인해준 데 대한 감사의 표시였다. 이때 독일, 이탈리아, 일본이 '3국 방공협정Anti-Comintern Pact(공산주의를 막는다는 명분으로 파시즘과 공동전선을 편다는 협약)'을 체결했다.

드디어 바르셀로나가 반란군 수중에 떨어졌다. 공화 정부 대통령과 각료들이 프랑스로 망명했다. 지도자 없는 공화 정부는 패색이 짙어졌다. 1939년 3월, 마드리드가 반란군에 함락되면서 내전은 32개월 만에

60여만 명의 사상자를 내고 막을 내렸다.

프랑코, 반역자인가 영웅인가?

1936년 7월, 스페인령 모로코에 주둔하던 프란시스코 프랑코Francisco Franco, 1892~1975 소장은 휘하 병력을 이끌고 반란을 일으켰다. 독일의 도움으로 프랑코는 신속하게 병력과 장비를 지브롤터 해협 건너 본토에 상륙, 세비아에 혁명본부를 차렸다.

북부 갈리시아 지방 출신인 그는 타고난 군인이었다. 톨레도 육군 보병학교를 졸업, 소위로 임관했다. 초급 장교 시절부터 모로코에서 게릴라전을 지휘하며 용맹을 떨쳤다. 승진을 거듭해 33세에 장군으로 진급, 스페인 군 역사상 '최연소'란 타이틀을 얻었다.

프랑코 총통의 군 시절. 163cm의 단구였지만 카리스마 넘치는 군인이었다.

그에겐 이런 일화가 있다.

모로코에서 특수부대를 지휘할 때였다. 지급된 전투식량이 형편없다고 불만을 토로한 병사가 프랑코에게 식판을 던지며 무례하게 대들었다. 프랑코는 침착하게 보급 장교를 불러 병사들 앞에서 불만 병사의 요구대로 시정할 것을 지시했다. 그리고 차분한 어조로 명령했다.

"이 병사를 즉시 총살하라!"

정권을 잡은 후 그는 총통으로 군림하며 자유민주주의를 부정했다. 자신에게 반대하는 정치단체나 언론기관, 지식층들을 처형하고 투옥했다. '나는 오로지 역사와 천주님에게만 책임을 진다'는 신념으로 1975년 11월 죽을 때까지 무려 36년간 권좌를 지켰다.

그런 철권 통치자도 죽음 앞에서는 연약한 인간에 불과했다.

임종을 앞두고 남긴 '대국민 영결의 말'이다.

"스페인 국민 여러분, 나는 이제 하느님께 나의 목숨을 넘겨드리고 그분의 절대적인 심판을 받고자 합니다. 먼저 국민 여러분께 용서를 구합니다. 무릇 나의 적이라고 공언해온 사람들, 아무쪼록 용서해주십시오. 스페인을 위대한 국가로 만드는 데 헌신적으로 힘쓴 모든 분들께 깊이 감사드립니다. 아리바 에스파냐! 비바 에스파냐!"

(두 구호 모두 '스페인 만세!'라는 뜻이지만, 의미는 완전히 다르다. '아리바 에스파냐'는 내전 당시 프랑코 반란군의 구호였고, '비바 에스파냐'는 공화 정부군의 구호였다.)

세고비아,
수도교와 알카사르, 코치니요의 기억

경이로운 구조물, 수도교

세고비아는 나에게 무척 익숙한 이름이다.

오래전 이야기지만 한때 "기타 못 치면 간첩"이라는 말이 유행했다. 봄·가을 휴일이면 시 외곽 유원지, 특히 남이섬·대성리·강촌 등지에서 야외 전축과 어우러진 기타 소리가 들판에 울려퍼졌다. 당시 들고 다니던 통기타 상표가 '세고비아'였는데, 사실 이 도시와는 아무런 관련이 없다. 저명한 기타리스트 안드레스 세고비아Andres Segovia의 이름을 따서 지었기 때문에 그런 오해를 빚었다.

이곳에는 유명한 것이 셋 있다. 약 2천 년 전 로마인들이 축조한 수도교, 월트 디즈니 만화영화의 모티브가 된 알카사르 성城, 독특한 명물 음식 코치니요 아사도가 바로 그것이다.

세고비아 수도교 전망대에서

로마제국은 이베리아 반도에 많은 건축물을 남겼다.

제국의 위용을 드높이고 효율적 통치를 위해 원형경기장, 도로, 수도교 등 사회 인프라 건설에 공을 들였다. 특히 이베리아 반도는 그들의 식량 창고 역할을 했기에 관개시설이 필요했다.

세고비아의 중심 거리인 아소게호 광장 Plaza del Azoguejo 으로 향했다.

멀리서도 거대한 구조물이 위용을 드러낸다. 과거 로마인들이 건설한 수도교(혹은 수로교 acueduct)였다. 무려 1,900여 년 전 로마 황제 트라야누스 시절에 만들었는데, 지금 보아도 그 규모나 미적 감각에 감탄이 절로 나온다. 더 놀라운 것은 '현재도 상수도 역할을 하고 있다'는 사실이다.

⬆ 도심 한복판 아소게호 광장을 가로지르는 수도교 ⬇ 오랜 세월 서서히 풍화되고 있음을 알 수 있다.

수원은 세고비아에서 17km 떨어진 강물을 이 수로를 통해 세고비아로 유입시켰다. 도시는 총 연장 900m, 높이 28m의 구조물이 관통하며, 이를 지지하는 120개의 기둥과 160개의 아치가 있다. 조적식組積式 구조물로, 시멘트나 회반죽 같은 접착제 없이 오로지 2만여 개의 화강암을 레고 블록 맞추듯 차곡차곡 쌓아올렸다. 구조 역학적으로도 문제가 없어 보인다. 침하가 없는 것으로 보아 구조물의 하중을 견디는 기초공사가 완벽했을 것이다.

나는 여행 중 특별한 구조물이나 아름다운 다리를 만나면 남다른 감회를 느낀다. 수로교 초입부터 끝까지 천천히 거닐었다. 아니나 다를까, 서쪽 끝단에 'Water – Tower'라 불리는 작은 건물이 하나 있다. '콘트롤 타워'라 해도 좋을 듯하다. 수원지에서 흘러온 물을 일단 여기에 저장해 섞여온 불순물을 가라앉힌다. 그다음 수량을 적절히 조절해 시내로 공급하기 위해서였다. 토목공학에서 하천학이나 수리학水理學은 주요 커리큘럼 중 하나인데, 내 지식으로 어림잡아도 당시 인구 대비 물의 양은 충분했을 것이다.

지금까지 유럽을 여행하며 이탈리아, 프랑스, 터키 등지에서 수로교를 본 적은 있지만, 이렇게 크고 온전하게 내려오는 경이로운 구조물은 처음이다. 로마시대, 공과대학 토목과(?)도 없었을 텐데 무려 2천 년이나 견디는 구조물을 만들었다니! 건설장비는 물론 트랜싯transit이나 레벨level 같은 측량도구도 없이 1도 경사를 유지해 먼 곳에서 자연수압으로 물의 흐름을 조절한 당시 '엔지니어'들에게 경의를 표한다.

백설공주의 성에서 떠올린 헤이그 특사단

알카사르^{al-qasr}는 아랍어로 '요새'를 뜻한다.

1469년은 스페인 역사에서 의미가 크다. 다름 아닌 카스티야의 이사벨 공주와 아라곤의 페르난도 왕자가 이곳에서 결혼식을 올렸다. 이로써 그간 난립했던 가톨릭 봉건 세력들이 단합해 이슬람 세력을 몰아내고, 단일국가로 세계사 전면에 등장하는 단초가 되었다.

성 외관은 마녀의 뾰족한 모자 같은 탑이 여러 개 솟아 있어 서양 동화 속 마법의 성 같다. 그 때문에 미국 월트 디즈니가 이곳을 모티브로 만든 '백설공주의 성'이 대성공을 거두면서, 알카사르의 존재가 전 세계에 알려졌다. 나는 전혀 다른 시각에서 이 성을 바라보았다. 그리고 과거의 기억을 더듬었다.

'맞아! 몇 년 전 네덜란드 헤이그의 빈넨호프 광장에서 보았던 리데르잘 궁전(현재 국회의사당)과 흡사해. 뾰족한 탑들이! 당시는 네덜란드가 스페인의 식민 지배하에 있었으니….'

여행의 즐거움이란 새로운 것을 보는 것도 좋지만, 자신만의 '눈'을 갖는 것이다. 유독 이 건물을 내가 정확하게 기억하는 이유가 있다. 500년 사직의 마지막 왕, 고종이 최후의 저항을 시도했다 좌절된 '헤이그 특사단'이 문전박대당했던 역사적 장소이기 때문이다.

3인의 특사단

알카사르 성

1907년 6월, 헤이그에서 제2차 세계만국평화회의가 열렸다.

2년 전으로 거슬러 올라간 1905년 5월, 러일전쟁은 일본의 완승으로 끝났다. 이로써 기로에 선 조선왕조는 승자의 전리품 신세로 전락했다. 고종은 일말의 희망을 노대국老大國 러시아에 걸고 위험한 도박을 한다.

1907년 4월, 덕수궁 중명전에 구금 상태임에도 불구하고 은밀히 심복 이준을 불렀다. 그리고 신임장을 주며 어명을 내린다.

"헤이그 만국평화회의장에 가서 을사늑약의 부당함을 항의하시오. 도중에 러시아 상트페테르부르크에 들러 이범진 공사에게 도움을 청해 니콜라이 황제의 친서를 받도록 하시오."

헤이그에 있는 네덜란드 국회의사당. 1907년 제2차 세계만국평화회의가 열린 곳이다.

　당시 만국평화회의 의장국은 러시아였다.

　을사늑약으로 외교권과 국방권이 일본으로 넘어갔지만, 이범진은 계속 상트페테르부르크에서 공사로 버티고 있었다. 아관파천俄館播遷 때 고종을 들쳐업고 러시아 공관으로 피신시킨 인물답게 그의 충성심은 대단했다. 그러나 그의 부단한 노력도 헛수고였다. 역사의 수레바퀴는 이미 일본을 향해 돌고 있는데 러시아 황제가 만나주기야 하겠는가. 보름이라는 시간만 허송하고 빈손으로 헤이그에 도착해 리데르잘 궁에 왔지만 매몰찬 답변만 돌아왔다.

　"외교권이 없는 나라에서 온 당신들은 초대받지 못한 손님이니 입장할 자나는 궁전 앞 광장 벤치에 앉아 상념에 잠겼다.

100여 년 전, 울분에 차 피 토하듯 처절한 심정으로 거리 외교를 펼치던 그들의 모습을 그리고 또 그렸다. 어둠이 내릴 무렵 비로소 안장에 올라 리데르잘 궁을 떠날 채비를 했다. 그 순간 가슴이 벅차올랐다.

'지금 이 순간, 나에게 조국이 건재하다는 사실이 얼마나 다행인가! 자랑스러운 태극기를 달고 이렇게 전 세계를 내 마음대로 다닐 수 있으니!'

코치니요 아사도

코치니요 아사도^{Cochinillo Asado}, 이것은 볼거리가 아니라 세고비아의 명물 먹거리다. 우리말로 하면 '새끼 돼지 통구이'가 될 것이다. 즉, '재료'는 태어나 최후를 맞을 때까지 약 3주, 인간의 혀를 즐겁게 할 운명을 안고 태어난 셈이다.

요리 방식은 전기 통닭이나 케밥처럼 꼬치에 끼워 돌려가며 열을 가하는 것이 아니라, 전통 질그릇 접시에 올려놓고 피자 굽듯 화덕에서 은근한 불로 장시간 구워낸다.

단체 손님, 특히 외국인 관광객을 위해 전통적으로 이런 퍼포먼스를 한다. 손님 앞에 요리를 가져와 접시에 옮겨놓고, 구울 때 썼던 접시로 돼지의 목을 힘껏 내리쳐 절단한 뒤, 그 접시는 바닥에 던져 박살낸다. 기름 빠진 껍질은 과자처럼 바삭하고 고기는 솜처럼 연하다는 것을 행동으로 보여주는 것이다.

비위가 약한 사람은 고개를 돌리고, 심한 경우 먹지 못하는 경우도 있다고 한다.

'생후 3주'라는 점도 마음에 걸리는데, 먹을 사람 눈앞에서 목을 내리치다니… 잔인하다는 느낌을 지울 수 없다.

문득 내 어린 시절, 집에서 키우던 개를 잡을 때의 기억이 떠올랐다.

막 화덕에서 나온 코치니요

동네 아저씨들이 나무에 목을 매달고, 야구선수 프리배팅 하듯 몽둥이를 휘두르던 광경이었다. 그래야 고기 맛이 난다고 했다.

목줄이 잠시 풀려 피를 흘리며, 몽둥이 쥔 주인의 손을 예전처럼 핥으며 꼬리를 흔들던 황구… 애처로운 눈빛에도 "너 이러면 못 쓴다!" 하며 다시 '교수대'로 끌고 가던 개 주인 아저씨. 어린 마음에도 '참… 해도 너무

앙증스러운 발이 애처롭다.

한다' 생각했고, 그 장면은 아직까지 뇌리에서 지워지지 않는다.

이런저런 생각이 스쳤지만, '큰맘' 먹고 먹어보기로 했다.

내가 들른 식당은 외국인 관광객을 상대하는 유명 대형 식당이 아니라, 현지인들이 주로 찾는 'Lali'라는 작은 식당이었다.

보통 한 마리는 5kg 정도로 2, 3인이 먹을 수 있고, 1인당 30유로(약

셰프와 한 컷!

45,000원) 가격에 풀코스가 제공된다. 풀코스란 직접 구운 빵, 생선 스프, 스페인식 샐러드, 하우스 와인 한 잔이 포함된 세트다.

드디어 '메인 디시'가 나왔다. 큰 접시에 얹힌 '반통돼지'. 가늘고 짧은 다리와 작은 발이 애처롭다. 불현듯 서울에 있는 어린 손자의 앙증맞고 귀여운 발이 떠올랐다.

칼질하기 전, 나는 마음속으로 '위령기도'를 올렸다.

"기구한 돈생豚生 영가靈駕여,

그대 숙세宿世에 무슨 대역죄를 저질렀기에 생이 이리도 짧더란 말이냐.

이제 질곡의 이승은 끝났으니, 내세에는 인간으로 환생해

좋은 가정, 훌륭한 부모 만나 금수저 물고 태어나거라.

나무아미타불 관세음보살, 아멘."

식사를 마치고 웨이트리스 아가씨에게 팁을 건넨 뒤, "셰프를 만날 수 있겠느냐?"고 물었다. 그녀는 기다리라며 안으로 들어갔다.

잠시 후, 마음씨 좋아 보이는 남자가 나와 인사를 건넸다. 셰프 겸 식당 오너인 로베르토 씨였다.

나는 "당신 솜씨를 맛보기 위해 멀리 한국에서 자전거를 타고 왔다"고 너스레를 떤 뒤, 언제부터 이 일을 했는지 물었다.

그는 "한 30여 년 전부터 코치니요 요리를 배웠고, 라리의 주방장이 된 지는 8년이 됐죠"라고 말했다.

그동안 궁금했던 것을 단도직입적으로 물었다.

"왜 3주입니까?"

그는 웃으며 답했다.

"돼지는 생후 3주면 모유 수유가 끝납니다. 무게는 5kg 내외가 되죠. 다른 사료를 먹이기 전, 즉 젖살일 때가 육질이 가장 연하고 맛있습니다. 껍질 또한 얇아 전체를 다 먹을 수 있죠. 뼈와 발만 빼고 말입니다."

'슬픈 돼지'

코치니요의 기원에는 이런 사연이 있다.

이슬람교도는 돼지고기를 먹지 않는다. 여러 설이 있으나, 더운 지방이어서 고기가 쉽게 변질된다는 설이 유력하다. 새우나 게 등 갑각류도 금기인데, 이것 역시 잘 부패되기 때문이다. 8세기 이후 이베리아 전역이 정복자 이슬람교도인 무어인Moors의 발밑에 있을 때, 가톨릭 교인들이 저항의 의미로 각종 돼지고기 요리를 즐겨 먹었다고 한다.

사실 우리나라에도 이와 비슷한 요리가 있다.

'애저'라 불리며, 생후 1개월 남짓한 새끼 돼지 배를 갈라 마늘과 생강 등을 넣고 꿰맨 다음 푹 삶아 초장에 찍어 먹는다. 우리의 '곰' 국물은 여러 명의 배를 채울 수 있지만, 스페인의 '구이'는 몇몇 사람의 입을 즐겁게 한다. 이는 '스페인이 부유했다'기보다 우리 '국물 문화'의 특성에 기인한다.

애저의 유래는 조선 시대 중엽, 호남 진안 토반土班들이 즐기던 보양식에서 찾을 수 있다. 예부터 산이 많아 농지가 부족했던 진안에서 많이 키웠던 돼지는 농가의 주요 소득원이었다. 돼지가 새끼를 많이 낳다 보니 가끔은 어미 뱃속에서 죽은 채로 태어나거나, 잠든 어미 품에서 압사하는 경우가 있었다. 불쌍하지만 가난한 농가에서는 버릴 수 없어 요리를 해 먹어왔다.

우리는 스페인보다 '일말의 인정'은 있었다.

영저嬰猪나 유저幼猪라 하지 않고 '애저哀猪, 슬픈 돼지'라 불렀으니 말이다.

말라리아보다 무서운 복병

1970년대 중반, 나는 건설 기술자로 아프리카에 파견되었다.

목적지는 이슬람 국가인 아프리카 수단의 수도 카르툼Khartoum. 이곳에 12층짜리 영빈관을 짓는 일이었다.

공사장은 에티오피아 아비시니아 고원에서 발원해 흘러온 청나일과, 케냐 빅토리아 호수에서 흘러온 백나일이 합류하는 지점에 있었다. 하나가 된 나일 강은 이집트 카이로를 지나 지중해로 흘러나간다. 전망 하나만큼은 최고였다.

그러나 작업 환경은 최악이었다.

3월에서 10월까지 거의 매일 낮 기온이 섭씨 40도를 넘었다. '하붑'이라 불리는 사막 모래열풍이 불면, 짙은 황사가 태양을 가려 낮에도 차량이 라이트를 켜고 달려야 했다. 눈, 코, 귀는 물론 입속까지 모래가 자글거렸다.

공사 끝날 때까지 살아남아 귀국하려면 풍토병과 싸워 이겨야 했다. 황열, 댕기열, 말라리아 모두 모기가 매개체다. 헌데 이 나라 모기는 잠이 없다. 야행성도 아닌데 24시간 시도 때도 없이 물어댔다. '말라리아 왕국'이라 할 만했다. 한번 걸리면 구토, 설사, 고열로 2주 넘게 고생막심이었다. 재수 없게 말라리아 원충이 혈관을 타고 뇌로 가면 바로 사망이었다.

유일한 특효약은 키니네quinine. 예방과 치료에 모두 쓰였지만, 간세포를 파괴하는 독성을 지녔다. 먹을 수도, 안 먹을 수도 없는 진퇴양난이었다.

그래도 풍토병은 서서히 죽이지만, 당장 생명을 앗아가는 복병이 있었다. 바로 교통사고다. 이 나라는 교통 신호등이 몇 군데밖에 없었고, 현지인은 피부색이 검어 밤에 잘 보이지 않았다.

'평범한' 교통사고였지만, 의료시설 미비로 죽어간 경우를 나는 여러 번 목격했다. 한국이었다면 분명 살았을 사람들이다. 애통한 죽음이었다. 대형병원에 냉동실이 없다. 시신에 파리가 들끓었다.

젊은 사람들에게 '꼰대'라 불리는 나의 세대는 1970~80년대, 아프리카와 중동에서 이렇게 일하며 달러를 벌어 고국에 송금했다.

나일 강의 도둑들(?)

한낮, 섭씨 40도를 넘나드는 카르툼의 더위는 가히 살인적이었다.

철근 작업을 할 때 방염 장갑을 껴도 화상 환자가 속출했다.

한국인 근로자가 150여 명. 공사 속도나 질을 좌우하는 것은 이들의 식사 문제였다. 더위에 모두들 축축 처지고 식욕을 잃었다. 쌀과 조미료 등은 한국에서 왔지만, 기타 부식은 다 현지 조달이었다.

사료 때문인지 현지 소고기는 맛이 영 아니었다. 양고기 역시 노린내가 난다 하여 인기가 없었다. 이들이 원하는 것은 목구멍에 쌓인 먼지를 녹여낼 기름 짜르르한 삼겹살이나 고추장 제육볶음이었다. 이는 이슬람 국가에서 '연목구어緣木求魚'라는 말이 딱 들어맞는 경우였다.

그래도 간절히 원하면 이루어지는 법. 스페인 선교사가 수도 카르툼 외곽에 돼지를 키운다는 소식을 듣고는 가톨릭 신자 직원들이 물어물어 찾아갔다.

스페인식 햄인 하몽hamon을 만들려던 신부님께 간청해 새끼 돼지 두 마리를 얻는 데 성공, 모두들 쾌재를 불렀다. 현지인(특히 공사 감독인 수단 관리)에게 알려질까 마음 졸이며, 나일 강가 외진 곳에 돈사豚舍를 만들었다. 도난 우려는 없다. 현지인들은 돼지고기를 절대 금기시하니까.

풍부한 잔반殘飯으로 금지옥엽 정성을 다하니, 돼지는 하루가 다르게 커갔다.

모두들 꿈에 부풀어 있던 어느 날 아침, 돼지들이 홀연히 사라졌다. 이상한 족적을 남기고! 급히 여러 사람이 우리로 달려가 '현장 검증'을 실시했다. 설왕설래했지만, 나일 강의 악어들이 물고 간 것이 확실했다. 이상한 족적이란 돼지의 치열한 저항 흔적이었다.

공사 현장에서 가급적 멀리, 강 가까운 둔덕에 우리를 만든 것이 실수였다. 후일담이지만, 며칠 전부터 악어 한 마리가 수면 위로 머리를 쳐들

청나일 건너에서 본 공정률 60% 정도의 영빈관

었다 사라지곤 했다고 한다. 강 하류에 사는 녀석들이 냄새를 맡고 정찰 차 온 셈이었다.

다시 세력을 규합해 원정까지 와서, 미명에 허술한 우리를 덮쳤다. 최소 두 마리 이상의 소행으로 결론 내렸다. 입맛만 다시던 우리는 황망했지만, 그 녀석들은 '나일의 선물'로 생각하며 우리 대신 멋진 회식을 즐겼을 것이다.

요즘도 나는 TV 야생동물 프로그램에서 악어가 나오면, 그때의 황당했던 추억을 떠올리곤 아련한 향수에 젖는다. 10년의 세월을 보낸 아프리카는 나의 제2의 고향이기에….

아란후에스의 선율과
천년 고도 톨레도

〈아란후에스〉, 이 곡은 눈을 감고 들어야 한다

마드리드를 떠난 자전거는 남쪽을 향해 힘차게 달리기 시작했다.

점심 무렵, 아란후에스^{Aranjuez Palacio Real}에 도착했다. 작은 마을 전체가 왕실의 여름 휴양지로 조성된 곳이다. 펠리페 2세가 건설을 시작해 18세기 후반, 카를로스 3세 때 궁전 전체를 완성했다. 건축은 엘 에스코리알을 설계했던 후안 바우티스타가 맡았다. 타호 강^{Rio Tajo}을 이용해 만든 인공 섬에는 프랑스식 정원인 '섬의 정원^{Jardin de Isla}'과 6척의 왕실 선박이 전시되어 있다.

나는 왕실 별장이기 때문에, 혹은 궁전이 아름답기 때문에 온 것만은 아니었다.

톨레도로 가는 길목이기도 했지만, 호아킨 로드리고의 〈아란후에스 협주곡^{Concierto de Aranjuez}〉 때문이었다. 작곡자는 이 궁전을 무척 좋아해 여러

아란후에스 여름 궁전

차례 찾았다. 그리고 인근 집시촌에도 들러 그들의 음감에서 영감을 얻었다. 1939년에 완성해 이듬해 바르셀로나에서 기타 독주로 초연, 대찬사를 받았다.

이 곡은 기타와 오케스트라를 위한 협주곡이다.

전체 3악장 중 2악장 아다지오는 혼 파이프와 기타의 환상적인 조화로 널리 대중적인 인기를 끌었다. 현악기, 목관악기, 금관악기를 위해 만든 곡이다. 음색이 다양하고 전체적으로 흐르는 음률이 '집시의 바이올린'처럼 심금을 울리는 서정성 짙은 곡조를 지녔다.

로드리고가 맹인이어서일까, 이런 말이 있다.

"Music to close your eyes and listen^{이 곡은 눈을 감고 들어야 한다}."

청각의 기억

좋아하는 '음악의 고향'을 찾아와 스마트폰에서 흘러나오는 그 음악을 들었다. 천천히 궁전 주위를 걸으며 옛 생각에 잠겼다.

언제부터였는지 정확한 기억은 없다. 오랜 기간 매주 토요일 밤이면 모 방송의 〈주말의 명화〉 프로그램 시그널 음악으로 이 곡이 흘러나왔다.

그러면 "이번 주는 뭐지?" 하며 온 가족이 오순도순 TV 수상기 앞에 모여 앉았다. 극장 한 번 가는 것이 호사였을 때다. 텔레비전 한 대로 온 가족이 행복했던 시절, 의식의 흐름을 타고 지나가버린 추억을 상기시키는 곡이다.

프랑스 작가 마르셀 프루스트는 이렇게 말했다.

"과거는 풍화되어 잊히는 것이 아니다. 무의식적 기억으로 잠재되어 있다가 어떤 계기로 되살아난다."

그의 소설 〈잃어버린 시간을 찾아서〉에는 주인공이 홍차에 곁들여 마들렌 과자를 먹다가, 유년 시절을 보낸 꽁브레Combray 마을의 기억을 홍수처럼 떠올리는 대목이 있다. 프루스트는 잠재된 미각의 촉매제를 말했지만, 나는 청각의 기억을 꺼냈다.

인간의 감각 중에서 숨이 끊어지는 마지막 순간까지 남아 있는 것이 청력이라고 한다. 자전거와 함께 청각의 기억을 찾아가는 이 짜릿한 순간을 나는 사랑한다.

물론 그라나다 알람브라 궁전에 가더라도, 타레가의 감미로운 선율 〈알람브라 궁전의 추억〉 기타 반주를 들으며 젊은 날 충무로 음악 감상실 '필하모니'에서의 추억을 반추할 것이다.

내분으로 무너진 천년 요새

아란후에스를 떠난 자전거는 국도 N-400번을 달리고 있다.

이 도로는 자전거 전용 갓길은 없지만, 교통량이 적어 달리기에 무리는 없다. 태양은 뜨겁고, 열풍에 숨이 턱턱 막힌다.

그래도 긴 장갑과 긴 바지, 팔토시를 착용하고 얼굴과 목을 가리는 버프를 둘렀다. 선글라스까지 끼니 노출은 한 점도 없다.

톨레도 가는 길. 사진에 안 나온 것이 있다. 뜨거운 열풍!

뜨겁고 더울수록 몸을 가리는 것은 과거 아프리카 근무 시절 아랍인들에게 배운 생활의 지혜였다.

도시 이름은 '안전지대'란 뜻의 라틴어 톨레툼Toletum에서 유래되었다.

원래 이 도시는 로마인들이 이베리아 반도의 전략적 거점으로 건설했다. 로마제국이 무너진 뒤, 이베리아 반도 전역에서는 게르만족 간의 쟁탈전이 벌어졌다. 그중 승자는 서고트Visigothic족이었다. 이들은 톨레도를 수도로 삼아 문화를 꽃피웠다.

어느 왕조나 그렇듯, 내부 분열은 곧 파멸이다. 왕위 계승 문제로 촉발된 파벌 싸움으로 서고트 왕국은 몰락의 길을 걸었다. 경쟁하던 한 당파가 북아프리카 베르베르족에게 도움을 청한 것이다.

드디어 북아프리카 무슬림에게 기회가 왔다.

711년, 타리크 이븐 지야드^{Tariq Ibn Ziyad} 장군이 7천여 명의 이슬람 군대를 이끌고, 오늘날 '지브롤터'로 알려진 곳을 통해 이베리아 반도로 쳐들어왔다. 처음에는 정찰차 왔으나, 곧 증원 부대가 도착했다. 과달레빈 강변의 시도니아 전투에서 서고트 군대를 물리친 타리크 장군은 마침내 철옹성 톨레도 성까지 수중에 넣었다.

톨레도, 이슬람 관용의 상징

그 후 톨레도는 무어인의 지배 아래 번영을 누렸다.

이슬람교, 유대교, 가톨릭교가 융합되며 독특한 문화를 형성했다. 중세의 성곽과 시가지, 각 종교 관련 건물들이 오늘날까지 원형 그대로 남아 있다. 유럽에서도 이렇게 보존된 도시는 드물다. 톨레도가 이처럼 원형을 유지할 수 있었던 이유 중 하나는, 점령지 문화를 파괴하지 않는 이슬람의 포용 정책 덕분이었다.

미로 같은 골목길 사이사이에는 금·은·철기 세공점이 밀집해 있다.

과거 톨레도는 철과 관련된 무기 산업이 번성했다. 그 명맥은 지금도 이어져 골목 곳곳에 옛날 칼과 갑옷을 파는 가게를 쉽게 찾을 수 있다. 영화 〈반지의 제왕〉에 등장하는 세밀하고 정교한 갑옷과 무기들도 모두 이

알칸타라 다리 너머로 보이는 톨레도의 상징, 알카사르

곳에서 제작되었다.

골목을 걷다 보면, 마치 타임머신을 타고 수백 년 전으로 돌아간 듯한 착각에 빠진다. 그만큼 톨레도는 옛 모습을 완벽하게 재현하고 있다.

우리의 경주에 비견되는 톨레도는 1986년 도시 전체가 유네스코 세계문화유산으로 지정될 만큼 역사의 향기를 간직한 유물과 건축물이 가득하다.

스페인 가톨릭의 본산, 톨레도 대성당. 1493년에 완공되었는데, 공사 기간이 무려 266년이나 걸렸다고 한다.

16세기, 카를로스 1세의 뒤를 이은 펠리페 2세가 마드리드로 천도하면서 톨레도는 정치·경제적으로 쇠락의 길을 걸었다. 특히 스페인 내전 때는 공화파 정부군과 프랑코 반군이 이곳 알카사르를 두고 치열한 공방전을 벌여 많은 건물이 파괴되었지만 전면 붕괴는 피했다.

지금도 톨레도는 스페인 가톨릭의 본산으로, 대성당을 비롯해 크고 작은 성당과 수도원 등 종교 건물이 곳곳에 산재해 있다.

비운의 '그리스인'

엘 그레코^{El Greco}는 고야, 벨라스케스와 함께 스페인 회화의 3대 거장으로 꼽힌다. 이렇게 말하는 사람도 있다.

"벨라스케스 - 고야 - 피카소 - 미로 - 달리로 이어지는 스페인 천재 화가들의 계보는 바로 엘 그레코에서 출발한다."

이것도 포용 문화의 전통이 아닐까. 외국 출신 예술가에게 관대한 이들의 풍토가 부럽다.

엘 그레코는 1541년 그리스 남단 크레타 섬에서 태어났다.

어릴 적부터 두각을 나타낸 그는 르네상스의 본고장 이탈리아로 건너가 대가 티치아노에게서 화법을 배웠다. 이후 36세이던 1577년 스페인으로 왔다.

본명은 도메니코스 테오토코풀로스^{Domenikos Theotokopoulos}였지만, 발음이 어려웠는지 스페인 사람들은 그를 '그리스 사람'이라는 뜻의 '엘 그레코'라 불렀다. 별명이 굳어져 이름이 되었지만, 그는 작품에 서명할 때 반드시 본명을 썼다.

그가 스페인에 도착했을 무렵, 엘 에스코리알 궁전이 한창 건축 중이었다.

펠리페 2세가 궁전을 장식할 작품을 요청했다. 이에 엘 그레코는 2년에 걸쳐 〈성 마우리시오의 순교^{El Martirio de San Mauricio}〉를 완성해 바쳤다. 하지만 왕의 반응은 시큰둥했고, 작품은 곧바로 창고로 직행했다. 그의

엘 그레코의 〈성 마우리시오의 순교〉(1580~81년). 엘 에스코리알 소장. 펠리페 2세에 의해 퇴짜맞은 작품이다.

간절한 꿈이었던 '궁정 화가'의 길도 접어야 했다.

결국 그는 톨레도로 내려가 죽을 때까지 40여 년 동안 창작에 몰두하며 수많은 걸작을 남겼다. 위기가 곧 기회가 된 것이다. 러시아에서 추방된 작가 솔제니친이 "나무도 이식하면 뿌리를 내린다"라며 미국에 정착해 훌륭한 작품을 발표한 것처럼 말이다.

아이러니하게도, 지금 엘 에스코리알 궁전의 보물 1호는 당시 왕의 눈 밖에 났던 바로 그 작품 〈성 마우리시오의 순교〉다.

애석하게도 그는 죽어서야 빛을 보았다. 어쩌면 천국에서 펠리페 2세에게 감사하고 있을지도 모를 일이다.

대작이라 '말'이 많나, '말'이 많아 대작인가

그의 또 다른 걸작은 〈오르가스 백작의 매장El Entierro del Conde Orgaz〉이다. 이 작품이 있는 산토 토메Santo Tome 성당을 찾았다. 대성당에서 트리니다드 거리를 따라 조금 걷다 보면 콘데 광장Plaza del Conde이 나오는데, 바로 그 부근이다.

성당 자체는 작고 볼품 없지만, 오로지 엘 그레코의 이 작품 하나로 성당 앞은 늘 문전성시를 이룬다. 큰돈은 아니지만 입장료(2.5유로)도 내야 한다. 미술관, 박물관, 고궁이 많은 유럽 여행에서는 입장료 지출이 생수 값에 버금간다. 목은 말라도 참을 수 있지만 볼 것은 봐야 한다.

〈오르가스 백작의 매장〉(1586년). 산토 토메 성당 소장.

1323년, 세상을 떠난 오르가스 백작의 장례식 날 기적이 일어났다.

천국에서 어거스틴 성인과 스테판 성인이 내려와 시신을 매장했다는 것. 이 믿기 힘든 구전을 바탕으로 그려진 성화가 바로 이 작품이다.

백작은 신앙심이 돈독한 사람이었다. 살아생전 성당에 많은 헌금을 했고, 죽은 후를 대비해 유산의 상당 부분을 헌납하기로 유언장까지 작성해 두었다. 그러나 어찌 된 영문인지 사후 이 약속은 지켜지지 않았다.

세월이 한참 흐른 1586년, 한 신부가 서류를 정리하다 우연히 유언장을 발견, 백작의 후손을 설득해 263년 만에 오르가스 백작의 유언이 실

엘 그레코 자화상

행에 옮겨졌다.

이 또한 믿기 힘든 이야기다. 어쨌든 백작의 숭고한 뜻을 기리기 위해 성당 측은 엘 그레코에게 작품을 의뢰했고, 이렇게 탄생한 것이 〈오르가스 백작의 매장〉이다.

여기에 또 문제가 발생했다. 작품 가격을 두고 성당 측과 엘 그레코가 송사訟事까지 벌였던 것이다.

이런 '사연' 덕분일까. 오늘날 이 작품은 〈천지창조〉와 〈최후의 만찬〉과 더불어 세계 3대 성화의 반열에 오를 만큼 대작으로 인정받고 있다.

돈키호테의 라만차,
광기와 낭만이 춤추는 들판

"라만차 풍차여, 각오하라! 400년 만에 자전거 탄 내가 왔다!"

'돈키호테의 땅'이라 불리는 라만차La Mancha 지방.

지평선을 따라 끝없이 펼쳐지는 건조하고 메마른 땅이다. 이름 그대로 '메마른 땅'이라는 뜻의 아랍어 알 만샤Al Manshah에서 유래했다. 황무지 사이로 소실점이 보일 정도로 길은 시원스레 뻗어 있다. 과거 미국 대평원 주(와이오밍·몬타나·다코타·콜로라도 등)를 여행했을 때의 황량했던 기억이 떠올랐다.

돈키호테가 거대한 적으로 착각하고 돌진했던 풍차가 점점 가까워지고 있다.

⬆ 인생이란 꿈을 꾸고 도전하는 과정이다. 설령 패배하더라도…. 콘수에그라의 풍차 앞에서.

⬇ 풍차여, Don BikeCha가 왔다! 400년 만에!

폭양 아래 얼마나 달렸을까.

넓은 대지 위에 야트막한 언덕 하나가 솟아 있고, 정상에는 풍차 날개가 보인다. 가슴이 뛰기 시작했다.

"어서 달려가자, 나의 애마愛馬 로시난테야!"

작은 언덕이라지만 자전거로 오르기는 쉽지 않았다. 5개의 짐가방을 달고 다리 힘만으로 오르려니 숨이 찼다. 게다가 강한 맞바람까지 불어 일어서서 체중까지 실어 페달을 밟아야 했다. 체인이 끊어질까 조바심이 일었다. 강한 바람이 뜨거운 태양보다 더 강력한 복병이었다.

풍차가 많은 이유를 알겠다.

추월하는 관광버스 안에서 사람들이 박수를 치며 엄지척을 해준다. 어떤 이는 얼굴에 놀란 기색이 역력하다. 동양인이니 한국인 아니면 중국인일 것이다.

콘수에그라Consuegra에 가까워지자 돈키호테 조형물이 나를 반갑게 맞이준다. 마치 이렇게 외치는 것만 같다.

'올라, 아미고! 한국의 '돈 바이크차Don BikeCha'. 400년 만이오!'

지천명에 부른 '스완 송'

"칠흑 같은 태평양 상공. 비행기는 공중에 정지한 듯 떠 있다.

승객들도 모두 잠든 불 꺼진 기내, '인간은 던져진 존재'라는 니체의 말이 머리를 떠나지 않는다. 처음 이국에서 홀로 자전거를 타며 장거리 여행을 하려니 온갖 상념이 머리 한가득이다. 앞으로 한 달 동안 어디서 자고, 무엇을 먹고, 어떤 사람들을 만나게 될까. 생판 낯선 곳에서 지도에만 의지해 길을 찾아야 하고, 병에 걸리거나 갑작스러운 사고를 당할지도 모른다. 강도를 만나 몽땅 털릴 수도 있다.

걱정이 꼬리에 꼬리를 문다. 이런저런 이유 때문에 집 떠나기가 두렵다면 안 가면 그만이다. 대신, 먼 곳은 영영 못 가보고 만다.

위험이 도사리고 있기 때문에 오히려 시도해볼 만하지 않은가.

서양에 "Nothing Venture, Nothing Win"이라는 속담이 있다. 우리 식으로 표현하면 '호랑이를 잡으려면 호랑이 굴에 들어가야 한다'가 될 것이다. 도전 없이는 아무것도 이루지 못한다는 말은 동서양 구분 없는 인간사의 철칙이다."

— 졸저 〈아메리카 로드〉 중 첫 장거리 여행, 미 대륙 종단 여행을 떠나는 장면

나이 50이 되던 해, 공개 채용 1기로 입사해 25년간 다니던 회사를 그만두었다. 스스로 인생의 전환점turning point을 만들었다. 그 시기, 내 삶을 바꿔줄 결정적 모멘텀이 필요했다. 극심한 고통의 경험이건, 격렬한 환희의 순간이건, 삶을 바꾸는 변화가 필요했다. 그때 정말 남은 인생은 남을 위한 것이 아닌, 나만의 삶을 온전히 살아보고 싶은 마음이 너무 강렬했다.

'스완 송Swan Song(백조의 노래)'이라는 말이 있다.

백조가 죽기 전 마지막 힘을 다해 부르는 눈물겹도록 아름다운 절창絶唱이다. 누구에게나 스완 송을 부를 기회가 찾아온다. 인생이라는 긴 여정에서 어떤 이는 절정의 순간에, 어떤 이는 마무리의 시기에, 또 어떤 이는

나의 첫 스완 송. 미국 대평원을 달리다!

새로운 시작점에서 스완 송을 부른다. 하지만 우리는 그 순간이 언제 찾아올지 알 수 없다.

미켈란젤로의 시스티나 성당 벽화가 한 조각가에게 사형선고가 아니라 수백 년의 시간을 뛰어넘어 인류의 유산이 되었듯. 자신이 가진 모든 것을 걸거나, 자신을 믿고 최악의 상황을 견디거나, 심지어 목숨까지 걸 수 있는 사람에게 스완 송은 마지막이 아니라 '시작의 노래'가 된다.

'미쳐서 살다가 깨어서 죽었다'

고전에 관한 이런 뼈 있는 우스갯말이 있다.

"고전古典은 누구나 그 가치를 인정하는 책이다. 하지만 누구도 잘 읽지 않는 책이다."

나는 고전을 읽어 많은 것을 배웠다. 왜냐하면 거기에는 오랜 기간 수많은 사람들이 검증한 인생의 지혜가 담겨 있기 때문이다. 아무리 세상이 바뀌어도 인간은 태어나 기쁨과 슬픔, 외로움이 교차하고, 고통받다가 늙고 병들어 죽어간다는 삶의 진리가 바뀔 리 없다. 그러기에 고전은 인생의 '기출 문제집'이다. 이를 통해 출제 원리를 파악한 학생은 시험이 다가와도 별로 두려워하지 않는다.

2002년 노벨연구소는 세계 50개국 100명의 유명 작가에게 "세계문학에서 가장 중요한 소설 10편을 꼽아주세요"라는 요청서를 보냈다.

결과는 〈돈키호테〉가 1등이었다. 그 이전에도 러시아의 대문호 도스토예프스키는 이렇게 극찬했다.

"전 세계를 다 뒤져봐도 〈돈키호테〉보다 숭고하고 박진감 넘치는 픽션은 없다."

성경 다음으로 많이 읽힌다는 〈돈키호테〉.

원래 소설의 제목은 '라만차 지방의 영특한 시골 귀족 돈키호테El Ingenioso Hidalgo Don Quijote de La Mancha'이다. 이 소설은 1605년에 초판이 나왔고, 내용이 수정된 재판과 속편은 1615년에 간행되었다.

주인공 돈키호테가 기사騎士 이야기에 심취해 가난하고 힘없는 사람을 돕겠다고 결심한다. 그리고는 종자從者 산초와 더불어 세상 여행을 떠나면서 기지와 풍자를 곁들인 여러 황당한 모험을 감행한다.

작가는 "인간은 행위로 존재를 증명한다"고 했다.

꿈을 이루려는 강렬한 의지를 가진 돈키호테의 행동을 통해 자신의 꿈인 정의 사회 실현을 추구했다. 온갖 역경과 수모를 겪어도 굴하지 않고 꿈을 향해 달려갔던 돈키호테의 도전 정신. 설령 당장 이룰 수 없는 꿈일지라도, 설령 오늘 실패했을지라도 꿈을 꾸는 사람, 도전하는 사람에게 내일이 있다는 것을 역설하고 있다.

그리고 당시의 부조리한 인간사를 돈키호테를 통해 신랄하게 풍자하고 비판했다. 현실을 전혀 다른 각도, 거꾸로 본 것이다.

돈키호테의 묘비명이다.

'미쳐서 살다가 깨어서 죽었다.'

〈돈키호테〉에서 받은 영감으로

여행이 한 사람의 인생에 변화를 가져오는 경우는 많다.

하지만 한 개인의 여행이 인류 역사에 변화를 일으키는 것은 흔치 않은 일이다.

20세기 위대한 혁명가로 꼽히는 체 게바라Che Guevara, 1928~1967는 원래 의사 지망생이었다. 의학도 신분으로 떠난 라틴 아메리카 여행이 그의 인생은 물론 세상을 바꾸어놓았다. 중고 모터사이클에 의지해 장장 8개월간의 긴 여행길에 올랐다. 길바닥에서 얻은 크고 작은 경험들이 깨달음으로 연결되었다. 여행을 끝냈을 땐 이렇게 외치고는 혁명가의 길을 걷게 된다.

"나는 여행을 통해 나 자신을 보았다. 두려움을 떨쳐버리고 세상에 마주 서는 법을 배웠다."

라만차 지방으로 향하는 어느 황량한 도로에서

내가 인생 전환기에 첫 번째로 해낸 일이란, 자전거로 미국 대륙을 종단한 것이었다. 캐나다 국경, 시애틀 외곽에서 멕시코 국경 샌디에이고 산이시드로까지 약 3천 km. 딱 한 달 만에 주파했다. 30kg이 넘는 '의식주'를 자전거에 매달고 하루 100km씩 하루도 쉬지 않고 달렸다. 그때의 모토는 극기, '나를 죽이지 않는 것은 나를 더 강하게 만든다'였다.

나의 시도는 여러 사람에게 마치 돈키호테가 풍차를 적으로 간주해 돌진하는 것처럼 '황당한 짓'으로 보여 냉소와 조롱도 많았다.

"나이 오십에 쉽지 않을걸. 한번 혼나봐야 정신 차리지! 무사히 갔다 온다 해도 그다음은 뭐 할 건데? 더 일할 나이인데 모아놓은 돈이 많나봐…"

자전거 세계여행, 남들이 보기에는 사소하고 하찮은 짓일지언정 나에게는 인생을 걸 만큼 큰일이었다. 꿈을 이루기 위해 '작은 치욕'을 감내하는 것이 진정 자존감을 지키는 일이라 생각했다.

용기는 두려움에 대한 극복이다. 전환기에
는 '왕따' 당할 용기가 필요했다. 지금까지 살
아온 상궤常軌에서 이탈하는 것이다. 유년 시
절에 꾸었던 꿈을 실현하는 것이 '긴 인생길
에서 남보다 뒤처지지 않을 것'이라는 확신을
가지는 용기였다.

용기의 원천은 젊은 날 읽었던 〈돈키호테〉
에서 얻은 영감이었다. 시골 아낙 둘시네아
Dulcinea를 공주로, 풍차를 위협적인 적군으로
생각해 늙은 말 로시난테를 몰아 돌진했던 돈
키호테.

그는 이렇게 외쳤다.

세르반테스 상. 왼손에 들고 있는 책은 〈돈키
호테〉. 오른팔은 레판토 해전에서 잃었다.

"나는 열정과 신념을 다해 무엇을 시도하든 자신을 내던졌다. 내가 옳다고
생각되면 어떤 위험도 감수하며 도전했다. 깨지고 얻어터져 만신창이가 될
지언정. 이룰 수 없는 꿈을 꾸고, 이룰 수 없는 사랑을 하고, 견딜 수 없는 고
통을 견디며, 싸워 이길 수 없는 적들과 싸움을 하고, 잡을 수 없는 저 하늘
의 별을 잡으려고 달려갔다."

이슬람 건축의 정수를 보여주는 코르도바의 메스키타

안달루시아

이슬람과 가톨릭이 만난 문명의 교차로

관광대국 스페인은 연중 관광객으로 붐빈다. 그중에서도 가장 빼어난 매력을 지닌 곳이 안달루시아 지방이다. 8세기 초, 이베리아 반도에 들어온 무슬림들은 남부 코르도바에 알 안달루스 왕국을 세웠다. 그 후 13세기 중반까지 세비야가 이슬람 문명을 꽃피웠고, 1492년 그라나다에서 막을 내렸다. 가톨릭과 이슬람 문화가 어우러진 이 땅에는 어디서도 보기 힘든 풍경이 펼쳐진다. 집시의 춤 플라멩코, 투우의 발상지 론다 역시 이곳의 자랑이다.

안달루시아의 격정적인 춤, 플라멩코

알 안달루스,
이슬람 문명의 탄생

예언자의 출현 – 이슬람의 탄생

7세기 초, 아라비아 반도에는 통일 국가가 없었다.

부족 단위로 흩어져 살던 아랍인들 앞에 무함마드Muhammad Abudal Kassim가 등장했다. 그는 570년경 태어나 일찍 부모를 여의고 갖은 고난을 겪으며 성장했다. 장거리 낙타 몰이꾼으로 대상隊商에 참가해 돈을 벌었다.

성실했던 그는 부유한 연상의 과부 카디자의 눈에 들어 결혼한다. 당시 무함마드는 25세, 카디자는 40세.

탄탄한 재력으로 생활은 안정됐고, 카디자

이슬람교의 창시자, 무함마드

천사 가브리엘로부터 계시를 받는 무함마드

역시 충실한 내조자였다. 하지만 그는 만족하지 못했다. 자주 메카 북쪽 히라Hira 산 동굴에 들어가 사색과 명상에 잠겼다.

그러던 어느 날, 그는 천사 가브리엘Gabriel을 통해 알라의 계시를 받는다.

"만물을 창조하신 주님의 이름으로 읽어라. 그분이 한 방울 응혈로 인간을 창조하셨노라." — 〈코란〉 96장

그는 이 계시로 깨달음을 얻어 '라쑬랄리聖使(알라가 보낸 사람)'를 자처하며, 유일신 알라의 종교인 이슬람 포교에 나섰다.

"지상에서 누리는 삶이 전부가 아니다. 죽은 뒤에 천국에서 새로운 삶이 기다리고 있다."

이것이 척박한 땅, 생존에 지친 다수 하층민들에게 먹혀들어갔다. 하지만 기존 질서를 수호하려는 귀족, 기득권층의 박해가 심해졌다.

이에 무함마드는 70여 명의 추종자를 이끌고 메카에서 북쪽으로 약 400km 떨어진 메디나로 옮겨, 그곳을 포교의 구심점으로 삼았다.

이것을 헤지라Hegira(성천聖遷)라 하며, 이슬람력의 원년이 된다.

순종과 평화의 종교 이슬람

인류의 5분의 1, 약 13억 명이 믿는 이슬람교의 근간은 무엇일까.

이슬람Al-Islam이란 아랍어로 '순종'과 '평화'를 의미한다. 다시 말해, 인간이 유일신 알라에게 절대 순종할 때 몸과 마음이 진정한 평화에 도달한다는 뜻이다. 무슬림이란 이런 복종자, 즉 교인을 가리킨다. 이들 중 90%는 수니Sunni파이고, 나머지는 시아Shia파이다. 두 파의 차이는 창시자 무함마드의 적통 후계자를 둘러싼 이견에서 비롯되었다.

이슬람에 대한 대표적인 오해가 바로 '한 손에 코란, 다른 한 손에는 칼'이라는 표현이다. 출처는 이탈리아의 신학자 토마스 아퀴나스Thomas Aquinas, 1225~1274로, 십자군이 타락해 이슬람 원정에서 패배했던 13세기 중엽의 기록에서 비롯됐다. 서구에서는 이를 금과옥조처럼 삼아, 이슬람교를 폭력의 종교로 호도하려는 경향이 있다.

오히려 긴 역사를 통틀어 보면, 폭력적 극단주의는 매우 최근의 현상이다. 예를 들어, 1994년 아프가니스탄에서 결성된 이슬람 수니파 무장 조직 탈레반은 극단적 원리주의를 내세우며 갖은 악행을 저질러 세계의 지탄을 받았다. 그러나 이들 때문에 전체 무슬림을 매도해서는 안 된다.

척박한 땅에서 생존하기 위해, 무슬림들은 다음 다섯 가지 계율을 엄격히 지켜야 한다. 첫째, 코란Koran(경전 암송), 둘째, 쌀라Praying(하루 5회 메카를 향해 경배), 셋째, 자카트Donation(적선), 넷째, 쇠움Fasting(금식), 다섯째, 핫지Pilgrimage(성지 순례).

무슬림은 동물을 도살할 때도 도살자가 코란의 시구인 "인자하고 자애로우신 알라의 이름으로 행하노라"를 반드시 낭독해야 한다. 이를 타쓰미야Tasmiyah(이름을 말함)라고 한다. 즉, 모든 행위가 신의 이름 아래 이루어진다는 것을 표명하는 것이다. 이를 말하지 않고 도축한 고기는 '하람Haram(금기물)'이라 하여 먹어서는 안 된다.

교세의 급팽창

이슬람 영역은 서쪽으로는 북아프리카의 수단, 이집트, 리비아, 모리타니아(현 모로코 일대)까지 확장했다.

동쪽으로는 중앙아시아, 우즈베키스탄의 고도古都 사마르칸트까지 영역을 확대하며 이슬람 문화를 꽃피웠다. 또한 751년 키르기스스탄 탈라스Talas 전투에서 고구려 유민의 후예인 고선지高仙芝 장군을 패퇴시키고 중앙아시아의 넓은 지역을 이슬람화하는 데 성공했다.

북아프리카는 무함마드의 고향 땅 아라비아 반도만큼이나 메마른 지역이다. 그런데 지척의 바다 건너에는 맑은 물이 흐르고 숲이 우거진 지상낙원이 있었다. 바로 이베리아 반도다.

그들에게 이곳은 '젖과 꿀이 흐르는 땅', 곧 유토피아였을 것이다.

드디어 711년, 북아프리카의 타리크 이븐 지야드Tariq Ibn Ziyad 장군을 선봉으로 무슬림 군대는 이베리아 반도를 침공, 서고트족을 제압하고 통치를 시작했다.

예언자 무함마드 사후 불과 80년, 방대한 이베리아 반도가 무슬림의 손에 들어간 것이다. 얼마나 빠른 교세 확장인가!

수단이 '대륙간 탄도미사일' 보유국이라니?

무슬림이 추구하는 보편적인 생활 의식 구조는 '느림'이다.

그들은 이를 여유로움이라 말한다. 세상에 바쁠 것이 없다. 중국인의 만만디慢慢的('천천히'라는 의미)는 비교가 되지 않을 정도다. 일단 날씨가 더워 가만히 있어도 힘든데, 빨리빨리 움직인다면 명을 재촉할 만큼 건강을 해칠 수 있다.

아랍에는 이런 속담이 있다.

"빨리 하는 것은 사탄의 짓이고, 천천히 하는 것이라야 알라가 기뻐하신다."

자칫 게으른 자의 변명처럼 들린다. 하지만 그들은 "천천히 하는 것이 빠른 길이다"라는 말을 꼭 덧붙인다. 맞는 말이기는 하지만, 현실에서 그들을 상대하다 보면 속이 터진다.

필자가 과거 근무했던 북아프리카의 수단Sudan은 '수니파 이슬람 모범국'이다.

건설 공사에서 공기工期는 곧 '코스트cost'와 직결된다. 그런데 비즈니스 상대인 그들이 약속을 어겨 낭패 본 경우가 많았다. 공무원이나 개인, 회사 가리지 않는다. 같이 일을 도모하려니 '인샬라Inshallah(신의 뜻), 부크라Bukrah(내일), 마알리시Maalish(미안하다)'가 이들 입에 붙어 있었다. 더운 날씨 때문만은 아니었다. 통관 지연, 납기 연장 등등… 스트레스가 쌓인다.

계약서 쓰고 사인하고, 구두로 몇 번 다짐해도 소용없다.

수단의 전통의상 젤라비아를 입은 모습. 옆은 수단 항만청 관료 알리 말리크.

"장사 잘하기로 소문난 중국 상인이 아랍 상인에게 두 손 들고 울고 갔다"는 이야기가 전설처럼 내려온다.

"오늘 안 되면 미안하지만, 내일 하면 되고, 그래도 안 되면 신의 뜻이고…." 여기에 당할 자 누가 있으랴!

나쁜 의도는 없다. 그래서 나는 '인샬라'를 진인사대천명盡人事待天命으로 받아들이고 근무하니 '열' 덜 받고 마음이 편해졌다.

인샬라, 부크라, 마알리시—이 세 단어의 조합은 그야말로 멋진 3박자 화음이다. 나는 앞 글자를 따서 수단을 대륙간 탄도미사일인 I.C.B.M Inter-Continental Ballistic Missile 보유국이라 명명했다.

메스키타와 카르멘의 도시,
코르도바

당대 세계 제2의 도시

코르도바Cordoba는 무슬림 치하의 첫 왕국 알 안달루스Al-Andalus의 수도였다. '안달루시아'라는 지명은 여기서 유래되었다.

도심을 관통하는 과달키비르 강Rio Guadalquivir이 흐르고, 곳곳에 널린 오렌지, 대추야자, 올리브 등 과실수가 자라는 기름진 땅이다.

10세기에 이미 인구가 50만 명을 넘었다. 당시 런던이나 파리 인구가 5만 명 내외였음을 감안하면 놀라운 규모였다. 동로마제국의 수도였던 콘스탄티노플(지금의 이스탄불)과 어깨를 나란히 하며 이슬람 왕국의 중심지로 부상했다.

이곳에는 이슬람 사원이 700개, 병원이 50개, 대학이 7개 있었고, 그에 따른 도서관도 많아 세계적 예술·문화의 도시로 이름을 떨쳤다.

어떻게 이런 괄목할 만한 성장을 단기간에 이룰 수 있었을까?

무어 시대의 영광, 코르도바의 메스키타

그것은 우마이야 왕조를 세운 압둘 알 라흐만 1세Abd al-Rahman I, 재위 756~788년가 인종과 종교를 초월한 컨비벤시아Convivencia, 공존 정책을 강력히 추진했기 때문이다. 여기에는 이슬람의 사상적 이념보다는 현실적 이유가 크게 작용했다. 소수인 무슬림이 다수인 가톨릭과 유대인을 지배하려면 그들의 협조가 절실했기 때문이다.

메스키타는 경이로운 건축물이다.

이베리아 반도를 지배한 무어인들의 찬란했던 시절의 유산이다. 그라나다의 알람브라 궁전과 더불어 이슬람 건축의 정수를 보여준다. 정확한 명칭은 메스키타 카테드랄 데 코르도바Mezquita-Catedral de Cordoba.

라흐만 1세는 지상 최대의 이슬람 사원을 짓기 위해 8세기 중반부터 건축을 시작했다. 완공 후에도 여러 차례 증·개축을 거듭해, 10세기 말에

↑ 메스키타 내 가톨릭 성단 ↓ 메스키타 경내의 오렌지 정원

오렌지 향이 가득하던 코르도바 거리

는 2만 5천 명이 동시에 예배를 볼 수 있는 규모의 사원이 완성됐다. 건물의 하중을 분산하기 위해 많은 기둥을 세웠다. 건축 당시 1,293개였지만 지금은 856개만 남아 있다.

1492년 그라나다를 함락한 이사벨 여왕은 곧이어 코르도바도 접수했다. 그리고 메스키타 중앙부를 허물어 가톨릭 성단을 만들었다. '한 지붕 두 가족'의 이 유적은 두 문화(종교)가 혼재한다는 점에서 또다시 세계 '어디에도 없는 건축물'로 자리매김했다.

남유럽에 많은 사이프러스. '사자(死者)를 위한 나무'란 별칭이 있다.

말 다루기의 명수, 아랍인

나는 여기 오기 전까지 한 가지 의문이 있었다.

그것은 메스키타 내부의 독특한 아치 형상의 기둥이었다. 어디에서도 찾아볼 수 없는 말굽 형태의 아치와 색감이었다. 자세히 살펴보니 백색 돌과 적색 돌을 조금의 틈도 없이 완벽하게 짜 맞춘 것이 아닌가. '염료 칠이 아니다'라는 오랜 의문이 풀렸다. 말발굽형 아치 구조물은 무어인의 전유물이었다.

아랍인들은 오래전부터 말을 잘 다루었다.

거칠고 메마른 사막에서 살아가는 이들에게 말은 필수불가결한 존재

영화 〈벤허〉 중 아랍 말의 전차 경기 장면

였다. 전쟁을 하거나 먼 거리를 이동하려면 순종적이면서도 스피드와 지구력을 갖춘 말이 필요했다.

이들은 끊임없이 품종 개량에 힘을 기울여 명마를 만들어냈다. 대표적인 것이 안달루시안Andalusian, 서러브레드Thoroughbred 등이다.

영화 〈벤허〉에서 벤허는 아랍 말 상인으로부터 백마 네 마리를 빌려, 메살라와의 목숨 건 전차 경주에서 승리를 거둔다.

메살라는 쉬지 않고 채찍질을 했지만, 벤허는 코너링에서 각 말의 특성을 살려 움직였다. 말은 영리한 동물이기에, 그는 말과 교감한 것이다. 네 마리 말에는 모두 이름이 있었다. 알타이르, 리겔, 안타레스, 알데바란 - 모두 별자리 이름이다. 사막이 많은 아랍 땅은 밤에 별에 의지해 길을 가야 했기 때문이다.

집시 여인 〈카르멘〉

당시 세계 2대 도시인 코르도바에는 얼마나 많은 말이 있었을까.

프랑스 작가 프로스페르 메리메의 중편 소설 〈카르멘Carmen〉(1845년)에서 집시 여인 카르멘을 말에 빗대 묘사하는 대목이 나온다.

이 소설을 토대로 조르주 비제는 4막으로 된 오페라 〈카르멘〉을 만들었다. 이 오페라는 지금 이 순간에도 세계 수백 군데 극장에서 공연되고 있다. 국내에서도 한 해 두세 차례 무대에 오르는 인기 작품이다.

비제의 오페라 〈카르멘〉 중 '투우사의 노래
(Chanson du Toreador)'

촉망받는 군인 호세는 매혹적인 집시 여인 카르멘을 만나 인생이 꼬이자, 결국 그녀를 살해한다. 이는 곧 자신의 파멸을 의미한다. 카르멘은 사랑과 인간 본연의 원초적 욕망을 억제하지 않는 여인이다. 즉, '팜므 파탈femme fatale(남성에게 치명적인)'의 전형을 보여준다.

이 말의 원래 의미는 '좋든 싫든 파멸적 운명을 살게 하는 여자', 혹은 '본인의 의지와 무관하게 상대 남자가 파멸을 선택하게 만드는 여자'를 뜻한다.

카르멘은 하늘을 나는 새처럼 마음 가는 대로 행동한다.

발랄하고 자유분방한 성격의 소유자로, 먼저 적극적으로 유혹하지만 호세를 망치겠다는 악의적 의도는 없다. 사랑했던 남자에게 마음이 떠나자 이를 감추지 않을 뿐인데, 호세가 광기 어린 스토킹을 한 것으로 작가는 묘사한다.

스페인의 문화적 측면을 이해하려면 오페라와 더불어 한 번쯤 음미해볼 만한 작품이다. 꼭 스페인이 아니더라도, 피가 뜨거운 젊은 남녀 사이에서는 세상 어디서나 일어날 수 있는 인간사이므로.

집시의 기원

이슬람 치하, 이곳 안달루시아 지방에는 유대인이 많이 살았다.

이스라엘 땅에서 쫓겨나 세계 각지로 흩어질 때, 이교도에 관용적인 이슬람교도들은 이들을 받아들였다. 가톨릭을 믿는 스페인 사람조차도 개종을 강요하지 않았다.

유대인들은 그들만의 거리를 형성해 시나고가^{Sinagoga}(유대교 예배당)를 세우고 뿌리를 내렸다. 이슬람이 지배하던 시기, 즉 1492년까지는 이슬람교·가톨릭교·유대교가 평화롭게 공존했다.

여기 '관용의 땅'에 빠질 수 없는 종족이 몰려와 둥지를 틀었으니, 바로 집시^{Gipsy}들이다.

집시의 기원은 인도 북부 펀자브 일대라는 것이 정설이다.

그들의 특징은 짙은 구릿빛 피부, 숱이 많은 까만 모발과 눈썹, 무엇보다 맹수 같은 강렬한 눈빛이다. 영어권에서는 집시^{Gipsy}, 체코에서는 보헤

잘 정비된 코르도바의 유대인 거리

미안Bohemian, 헝가리에서는 치가니Cigany, 프랑스에서는 지탕Gitane, 스페인에서는 히타노Gitano, 독일에서는 치고이네르Zigeuner 등으로 불린다.

집시들은 16세기에서 18세기까지 동유럽 영주들의 용병으로, 궁정 음악가로 활동하며 화려한 시절을 누리기도 했다. 그러나 19세기 들어 유럽 각국에서 민족주의가 팽배해졌다. 순수 유럽인들은 집시를 불안과 공포의 대상으로 몰았다. 잇따른 추방령과 인종 말살 정책으로 이들은 많은 희생을 감수해야만 했다.

과거 집시의 가옥이자 이동 수단. 영국을 여행할 때 어느 캠핑장에서 찍었다.

이들이 살아가는 법

핏속에 흐르는 유랑의 DNA를 타고난 사람들.

한곳에 머무르지 않고 이동하며 춤추고 노래한다. 노마드^{Nomad}처럼 살아가는 집시들, 얼마나 낭만적인가! 얼핏 그런 생각이 들기도 한다. 그러나 삶은 현실이다.

이들은 대장장이나 땜장이, 동물 조련사, 가축 중개인으로 일하거나, 여성들은 손금이나 점성술 복채로 생계를 꾸려나간다. 이런 부류는 그래도 성실한 편이다.

하지만 많은 집시들이 갓난아기를 안고 구걸, 좀도둑이나 소매치기,

야바위꾼으로 생활하거나, 젊은 여성이라면 매춘업에 종사한다.

1970~80년대, 일본 관광객이 유럽을 휩쓸고 다녔다.

이때 집시들은 '특수'를 맞았다. 뒤이어 우리도 '중동 붐' 때 집시들에게 많은 '헌납'을 했다. 일본이나 우리나 유럽에서 주눅 들기는 마찬가지였을 때다.

단체로 다니면 좀 덜했지만, 홀로 여행자라면 거의 집시의 '밥'이었다. 당시 유럽 출장자나 홀로 여행자라면 한두 가지씩은 집시와의 가슴 아픈 추억담이 있었다. 안 당한 사람이 이상할 정도였으니. 몸은 무사해도, 해외여행 중 지갑이나 여권, 카메라 등을 잃어버리면 얼마나 황당한가.

이탈리아 밀라노에서 겪었던 일이다.

사진을 찍기 위해 삼각대를 설치했다. 타이머를 세팅하고 몇 걸음 걸어가 카메라를 향해 돌아섰다. 그때 어디선가 나타난 한 검은 머리 소녀가 카메라를 향해 빠른 걸음으로 다가오고 있었다. 나는 본능적으로 "집시다! 뛰자!" 하고 쏜살같이 달려가 내가 먼저 카메라를 잡아 위기를 모면한 적이 있다(일단 그들 손에 들어가면 '상황 끝'이다).

현지 경찰들도 단속하지 않았다. 내 느낌엔 거의 방관 수준이었다. 거머리처럼 뒤를 졸졸 따라오는 집시 때문에 신경이 곤두섰다.

한번은 로마에서 경찰에게 항의조로 물어보니 이런 답이 돌아왔다.

"그들은 좀도둑이나 소매치기로, 강도치상이나 폭행을 하지 않으니 각자 조심하는 수밖에 없다. 그리고 그들은 이탈리안이 아니다."

"아니, 집시가 자전거 여행을!"

그간 유럽을 여러 차례 여행하며 '집시 대처'에는 이골이 났다.

대도시, 특히 명소나 관광지에는 어김없이 대를 이어 내려오는 '상주常駐 집시'가 있다. 사방을 살피고 이들의 '동태'를 먼저 파악한 후 관광이든 기행이든 시작해야 한다. 나는 외국 사람의 얼굴, 행색, 어투 등으로 어느 나라 출신인지, 혹은 어떤 인종인지, 나아가 집시인지 아닌지 이제야 좀 감이 온다. 다년간의 노하우가 쌓인 나의 '생존 자전거 여행법'의 일부다.

집시에 대한 오랜 나쁜 선입견을 불식시키는 계기가 있었다.

뉴질랜드 남섬을 여행할 때, 테즈먼 국립공원 내 마라하우Marahau라는 작은 마을에서 있었던 일이다. 골든베이Golden Bay의 포하라Pohara는 해안 경관으로 유명한 곳이다. 그곳으로 가는 방법은 두 가지.

배를 타거나, 내륙 길로 한참을 돌아가는 것이다. 시간 절약을 위해 배를 타려니 요금이 무려 50달러나 되었고, 심지어 자전거도 사람과 똑같은 요금을 내라고 했다. 말도 안 된다며 항의하고 있는데, 한 솔로 바이커가 다가와 내게 말을 걸었다.

"이봐, 친구~ 돈 들여 배 타고 갈 것 없이 나랑 자전거로 슬슬 구경이나 하면서 저 언덕 넘어 함께 갑시다!"

보아하니 10년도 넘은 듯한 낡은 자전거에 초라한 행색이었다. 헌데 그의 유쾌한 표정과 지적인 목소리, 유창한 영어는 묘한 흡인력이 있었다.

나는 흔쾌히 동의하며 통성명을 했다.

앙리 루소의 〈잠자는 집시 여인〉(1897년). 가진 것이라고는 지팡이와 기타, 물병이 전부다. 무서운 사자가 위협하지만 자는 모습은 평온하다.

그의 이름은 게르하르트, 오스트리아에서 온 '집시 자전거 여행가'였다. (아니, 집시가!) 몸에 밴 부정적인 이미지가 먼저 떠올랐다. '이를 어쩌지…' 갑자기 머릿속이 복잡하게 돌아갔다.

이때 그가 말했다.

"나는 대대로 내려오는 집시 집안에서 자랐지만, 전기 기술자로 공사 현장에서 돈도 번다. 이번 뉴질랜드 여행을 위해 두 달을 공사 현장에서 열심히 일했다."

이 말을 듣자 선입견이 무색할 정도로 그가 솔직하고 순수해 보였다. '자전거와 건설 기술자'라는 공통점으로 우리는 의기투합하며 안장에 올랐다.

집시에게 배운 자유

포하라로 돌아가는 길은 생각보다 멀고 험난했다.

폭양 아래 오르막만 20km에 달하는 타카카 패스Takaka Pass! 배 요금이 왜 그렇게 비쌌는지 그제야 이해가 갔다.

그런데 문제는 힘든 언덕이 아니었다. 상처받은 건 자존심이었다. 집시가 너무 빨리 달려 그와 보조를 맞출 수 없었기 때문이다.

사실 내 자전거는 낡고 무거운 그의 것에 비해 XT와 XTR을 조합한 수백만 원대 고급 자전거였다. 짐가방 또한 한 시간 폭우에도 견디는 '오르트립Ortlieb'이라는 독일제 유명 제품이었다. 하지만 그의 짐은 괴나리봇짐 같은 허름한 쇼핑백 몇 개가 전부였다.

잠시 쉬는 시간에 그는 내 자전거를 들어보며 말했다.

"와우! 내 전 재산보다 무겁네. 친구는 세계를 정복한 알렉산더 대왕의 유언을 모르시나? '나를 묻을 땐 내 손을 무덤 밖으로 빼놓고 묻어주게. 온 천하를 손에 쥔 나도 죽을 땐 빈손이란 걸 세상 사람들에게 말해주고 싶다네.' 친구, 마지막 갈 때도 이렇게 무거운 가방을 메고 갈 건가?"

포하라에 갈 때까지 10kg짜리 내 배낭을 그가 대신 메고 달렸다. 그 덕에 보조를 맞춰 목적지에 함께 도착할 수 있었다. 헤어질 땐 섭섭한 마음에 여벌 옷과 견과류, 통조림을 건넸다.

"고맙지만 그냥 받을 수 없으니 친구의 별점horoscope을 봐주고 복채로 생각할게. 친구는 처녀자리Virgo이니 매사에 완벽을 추구해 실패가 없어. 그러나 나는 "어느 정도는 맞다"고 동의해주었다.

물건들을 그의 괴나리봇짐 속에 넣어주고 힘찬 포옹으로 아쉬운 작별 인사를 나누었다.

자전거 집시 게르하르트 씨. 윗도리는 낡아 구멍이 나 있지만 마음은 부자다.

자전거 집시와의 만남을 통해 나는 두 가지를 배웠다.

첫째, 사람을 외모나 소유 여부로 판단해서는 안 된다는 것.

둘째, 아무것도 가진 것 없는 그의 안분지족安分知足하는 마음이었다. 남보다 많이 가진 것이 잘사는 것이 아니라, 어떤 것에도 속박되지 않고 하고 싶은 일을 하며 사는 것이 '잘사는 것'임을 그는 몸소 보여주었다.

'언제고 필요할지도 모른다'는 강박관념 때문에 이것저것 챙긴 짐들이 결국 나를 힘들게 만들었다. 가만히 생각해보니 꼼꼼함이 아니라 욕심과 집착의 한 단면이었다.

인생의 짐도 마찬가지 아닐까. 많이 소유한다는 것은 많은 굴레를 만든다. 그만큼 내가 누릴 자유를 잃게 된다.

이것이 세상 길바닥에서 체득한 나의 '도철학道哲學'이다.

불꽃 같은 집시의 춤,
플라멩코

처절한 몸부림으로

나라마다 고유의 전통 춤이 내려온다.

그중 스페인의 플라멩코도 세계적으로 손꼽히는 춤 중 하나다.

춤의 원천이 궁금해졌다. 안달루시아 지방은 무어인의 지배 시절부터 많은 집시들이 흘러들어왔다. 집시들은 천부적으로 몸놀림과 음악적 소양을 타고났다. 한곳에 머무를 수 없는 유랑의 피, 대를 이어 내려오는 희망 없는 삶을 처절한 몸부림으로 표출한 것이 바로 이 춤이다.

세계적인 피겨 선수들이 즐겨 채택하는 곡 〈치고이네르 바이젠 Zigeunerweisen(집시의 노래)〉. 이 곡은 집시들 사이에서 전해 내려오는 무곡舞曲을 바탕으로, 1878년에 파블로 사라사테가 작곡했다. 도입부는 느리고, 왠지 마음이 착 가라앉는 선율이 흐른다. 후반부로 들어가면서 빠른 리듬이 전개되고, 바이올린의 화려한 기교가 절정을 향해 치닫는다. 브람스의

춤추는 집시 여인

〈헝가리 춤곡 5번〉 역시 헝가리 전통 음악이 아니라, 그곳에 정착한 집시들의 음악을 바탕으로 만들어졌다.

음악이 있다면 율동이 빠질 수 없다.

애조 띤 집시 음률에 맞춰 무희가 격정적으로 온몸을 흔들어댄다. 그 이름조차 '불꽃' 또는 '열정'을 뜻하는 플라마flama에서 유래했다. 손가락 끝에서 발끝까지 전신에서 뿜어져 나오는 현란한 몸놀림은 보는 이로 하여금 숨이 멎을 정도로 집중하게 만든다.

이 춤이 스페인 전통 춤으로 인정받은 것은 오래전 일이 아니다. 긴 세월 음지에서만 행해지던 춤이 드디어 양지의 무대에서 많은 사람들에게 즐거움을 주게 된 것은 그나마 다행스러운 일이다.

'눈앞에서 집시가 추는 플라멩코 감상하기'는 나의 오래된 버킷 리스트Bucket List 중 하나였다.

극장식 식당에서 플라멩코를 감상하다

묵었던 호스텔 데스크에 "값이 적당하고 잘 추는 집시 무희가 있는 곳"을 부탁했다. 그 직원은 빙그레 웃으며 말했다.

"그럼 타블라오로 가시죠."

타블라오tablao란 스페인어로 '멍석(을 깔다)'을 뜻하는데, 우리식 표현으로는 '극장식 식당'이다. 말하자면 식사하며 감상하는 소규모 공연장이다. 코르도바는 작은 도시라 아담한 규모의 타블라오가 몇 군데 있다.

그가 추천한 곳은 'Patio De La Juderia'였다.

"그 집은 춤은 물론 식사도 훌륭합니다. 밥값 생각하면 춤은 덤이죠."

그 말투에 웃음이 묻어났다. 순간 '나의 의도를 충분히 알아차린 머리 좋은 유대인일지도 모르겠다'는 생각이 스쳤다. 타블라오는 예약이 필수였고, 가격은 35유로였다. 호스텔 데스크에서 식사 종류와 음료까지 모든 예약을 마쳤다.

상호에서 알 수 있듯, 타블라오는 유대인 거리La Juderia에 있었다.

플라멩코 감상은 밤이 제격이다. 태양이 없는 동굴 안, 횃불 아래서 추

표정도 플라멩코의 중요한 일부!

는 춤은 분위기를 배가시킨다. 원래 이 춤은 그라나다 궁전 인근 알바이신 언덕과 사크로몬테 언덕 동굴에서 시작되었기 때문이다.

타블라오는 '파티오' 안에 있었다.

스페인어인 파티오patio는 '중정中庭', 즉 위쪽이 트인 건물 안의 정원을 뜻한다. 이는 아랍의 영향을 받은 건축 양식이다. 제법 큰 정원에 작은 목조 무대를 향해 4인용 테이블이 10개 놓여 있었고, 2층 발코니 3면에도 10개가 배치돼 있었다. 최대 수용 인원은 70~80명 정도로 보였다.

나는 일찌감치 입장해 무대 바로 앞에 자리했다.

첫 공연 시간인 저녁 8시가 되자 관람객이 50명쯤 모였다. 공연을 시작하기에 부족함이 없는 규모였다. 한 명의 무희와 3명의 악기 연주자가 무대에 올라와 인사했다. 초로初老의 무희는 50대 중반 정도로 조금은 실망스러웠다.

헌데 그 오해가 풀리는 데는 그리 오래 걸리지 않았다.

스페인의 혼

춤이 시작되었다.

무희는 눈을 감은 듯, 혹은 지긋이 내리깔았다가 서서히 고개를 든다. 얼굴에는 굴곡진 인생의 회한 같은 슬픔이 어려 있었다. 존재의 슬픔, 고단했던 집시 삶의 역정, 혹은 떠나간 사랑의 아픔일지도 모른다. 순간, 차라리 나이 지긋한 무희가 집시 한恨의 정서를 더 잘 표현할 수 있겠다는 생각이 스쳤다.

힘차게 돌아가는 중년 여인의 풍만한 S라인 엉덩이는 뇌쇄적이었다. 스페인 여행 중 처음으로 강렬한 성욕을 느꼈다. 그간 외로웠나보다. 외로울 때 인간은 성욕을 더 느낀다고 프로이트는 이미 설파하지 않았던가. 세상 어디를 여행해도 나그네들이 거쳐 가는 역 주변에는 어김없이 '꽃집'이 있었다.

플라멩코 반주는 악보 없이 즉흥적으로 연주된다. 그래서 더 자유롭다. 남자들의 반주와 노래 톤이 올라가자 무희의 춤은 더욱 격렬해졌다. 그녀의 몸놀림은 나의 기대를 넘어섰다. 살아 있는 '혼의 플라멩코'를 보여주었다.

플라멩코는 세 가지 요소를 갖추고 있다. 칸테cante(노래), 바일레baile(춤), 토케toque(연주)이다. 이날의 무희는 노래 없이, 플라멩코 춤사위와 함께 피토스(손가락 튀기기), 팔마스(손뼉 치기), 시피테아토(탭댄스식 발구르기)까지 총동원했다. 바로 가까이에서 보니 숨소리도 거칠었고, 그녀의 큰 콧잔등과 이마에는 땀이 송골송골 맺혀 있었다.

내 테이블 위에는 주문했던 음식이 그대로 남아 있었다. 먹음직스러운 스페인의 전통 요리 소꼬리찜Rabo de Toro이었지만 쉽게 손이 가지 않았다. 바로 앞에서 혼신을 다해 춤추고 있는데 차마 칼질을 할 수 없었다.

열정적인 춤사위와 환호 속에서 어느새 시간은 10시를 향해 가고 있었다. 파티오 위로 보이는 밤하늘에는 별이 총총했다.

"케 아르테!Que Arte(이건 예술이야!) 오트라!Otra(앵콜!) 오트라!" 함성이 울려퍼졌다.

영국 작가 헤이블록 엘리스는 〈스페인의 혼〉이라는 저서에서 플라멩코를 이렇게 평했다.

"유럽풍 무용은 발 움직임을 주로 한다. 아시아, 특히 동아시아는 손과 팔의 율동을 중요시한다. 아프리카나 서아시아는 허리와 엉덩이 등 몸의 중심부를 주로 움직인다. 그런데 전술한 세 가지 동작을 한 틀 속에서 일사불란하게 가동하는 것이 바로 플라멩코이다."

추억의 스페인 영화 한 편

오래전에 본 영화 〈The Miracle기적〉의 한 장면이다.

주인공 캐롤 베이커가 격정적으로 추던 플라멩코는 아직까지도 뇌리

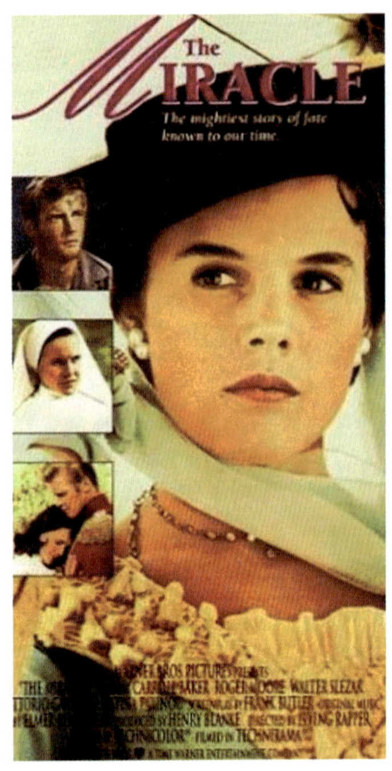

영화 〈기적〉의 캐롤 베이커

에 깊이 남아 있다. 올드팬이라면 혹시 이 영화를 기억할지도 모른다. 사실 나는 이번 스페인 여행을 준비하며, 영화의 무대였던 수녀원을 찾아가보리라 계획했지만 이런저런 이유로 실행에 옮기지 못했다.

때는 19세기 초, 장소는 마드리드 인근 '미라플로레스 수녀원Miraflores Convent'. 어느 봄날, 예비 수녀 테레사(캐롤 베이커 분)가 살고 있는 수녀원 인근에 나폴레옹 군대에 맞설 영국 군대가 잠시 주둔한다.

프랑스군과의 치열한 전투로 부상을 입은 마이클(로저 무어 분)은 수녀원에서 치료를 받게 된다. 테레사는 마이클을 극진히 간호하며 사랑이 싹튼다. 신앙과 세속 사랑 사이에서 갈등하던 테레사. 부대가 떠나자 파계破戒를 결심하고 마이클을 찾아 수녀원을 떠난다. 이때 수녀원에서 성모 마리아상이 사라지는 괴이한 일이 일어난다.

마이클을 찾기 위해 여기저기 떠돌던 테레사는 유랑 집시들에게 몸을 의탁한다. 그녀에게는 타고난 노래와 춤의 재질이 있었다. 호구지책으로 집시와 손을 잡고 시작한 춤과 노래가 스페인은 물론 전 유럽에서 반향을 불러일으켰다. 그간 그녀의 미모와 가창력, 춤에 반해 프러포즈하고 사랑을 나눈 뭇 남자들이 있었다. 그러나 이 남자들은 하나같이 비참한 최후를 맞았다.

영화는 절정을 향해 치닫는다.

테레사와 마이클 대위는 워털
루 전투를 목전에 두고 극적으로
상봉한다. 얼마나 기다렸던 만남
인가! 마이클은 청혼하지만, 테레
사는 눈물로 거절한다. 진정으로
그를 사랑하기에. 그녀는 자신의
기구한 운명을 한탄하며, 인간의

'4년 만의 재회', 영화의 한 장면

힘으로는 어쩔 수 없다고 체념한다. 그리고 '종교에 귀의해 속세에서 더
이상 남자를 불행하게 만들지 않겠다'고 결심한다. 정들었던 집시들도,
플라멩코도 모두 결별한다. 그리고 과거 몸담았던 수녀원을 향해 길을 떠
난다.

수녀원 일대는 모든 것이 피폐해져 있었다.

그녀가 떠난 이후 4년 동안 비 한 방울 내리지 않았기 때문이다.

돌아온 탕녀는 수녀원에 들어와 제단에 강복하고 눈물로 참회의 기도
를 올린다. 바로 이때, 이게 무슨 일인가! 그간 사라졌던 성모 마리아상이
어디선가 나타나 원래 자리에 놓인다. 자애로운 눈길이 엎드린 테레사를
응시한다. 성가가 울려퍼지며 단비가 메마른 대지를 흠뻑 적신다. 이제 수
녀원과 마을은 평화로웠던 지난 시절로 돌아간다.

노마드 인생

이 영화는 종교색이 짙다.

수녀원에 내려오는 전설을 바탕으로 만들었으니까. 종교 영화는 대개 인간의 범주를 뛰어넘는 종교의 숭고함을 표현한다. 즉, 현실에서는 일어날 수 없는 현상을 다룬다. 이 영화도 예외는 아니었다.

참, 세월이 많이 흘렀다.

이 영화를 젊은 날, 춘천 공병여단에서 군 복무를 할 때 '소양극장'에서 보았다. 그 시절 춘천에서의 일들이 꿈속에 또 꿈만 같다. 추억의 영화와 플라멩코는 의식의 흐름을 타고 지난날의 향수를 불러왔다. 지금은 사라져버린 명경지수明鏡止水의 공지천, 그 호수에서 함께 보트를 타던 아가씨는 지금 어디서 살아가고 있을까. 겨울이면 얼음판으로 변한 호수에서 스케이트를 타고, '이디오피아 커피숍'에 앉아 앞날을 설계하던 최인환 군은 이미 이 세상 사람이 아니다. 노마드 인생에 대해 열띤 토론을 나누던 그 친구, 천국에서는 자유롭겠지….

니코스 카잔차키스Nikos Kazantzakis, 1883~1957는 〈그리스인 조르바〉에서 이렇게 말했다.

"본능과 질서에 채워진 족쇄를 풀고 삶을 사랑하며, 죽음을 두려워 말라!"

이 말을 확인하기 위해 나는 에게해에 떠 있

그리스 작가 니코스 카잔차키스

는 그리스의 크레타 섬, 그의 묘소까지
찾아간 적이 있다. 묘비명은 그 사람이
살아온 일생의 거울이다. 그곳엔 이렇게
새겨져 있었다.

카잔차키스 묘비 비문

> 나는 아무것도 원하지 않는다.
> 나는 아무것도 두려워하지 않는다.
> 나는 자유인이다.

스페인 여행기가 다 써질 무렵, 나는 자전거에 짐을 매달고 어디론가
또 떠나야만 할 것 같다. 아마도 내 안에는 유랑 집시의 피가 몇 방울쯤
섞여 있는지도 모른다.

세비야,
태양의 문턱에서 콜럼버스를 만나다

과거의 영화를 간직한 도시

세비야Sevilla에는 안달루시아의 모든 것이 다 있다.

투우, 플라멩코, 무어인의 찬란한 유산, 스페인 최대의 성당, 화가 벨라스케스와 무리요의 고향, 오페라 〈세비야의 이발사〉, 〈돈 조반니〉, 〈카르멘〉의 무대, 그리고 세계 바다를 주름잡았던 모험가 콜럼버스와 마젤란의 흔적까지⋯ 더 무엇이 필요할까.

코르도바 왕국이 사라진 뒤 이곳에 둥지를 튼 압바스 왕조는 번영을 누렸다. 그들이 남긴 대표적인 유산이 바로 알카사르와 히랄다Giralda 탑이다. 높이가 105m로, 이탈리아 '피사의 사탑'의 두 배나 된다. 이 탑의 특징은 계단이 없고, 말을 타고도 올라갈 수 있을 만큼 넓은 나선형 통로가 조성되어 있다는 점이다. 꼭대기에는 가톨릭 최후의 승리에 대한 믿음을 상징하는 '히랄디요Giraldillo'가 있다. 한 손에는 방패, 다른 손에는 종려나

세비야의 랜드마크인 히랄다 탑. 옛 모스크의 첨탑으로, 높이는 105m에 달한다.

히랄다 탑 꼭대기 '바람개비 여인'
엘 히랄디요

무 가지를 든 청동 조각상이다.

대개의 도시가 그렇듯 세비야도 강을 끼고 발달했다. 과달키비르 강Rio Guadalquivir은 전장 657km로, 안달루시아 지방에서는 가장 크고 길다. 시에라 네바다 산맥 북쪽 고원지대에서 발원해 코르도바와 세비야를 거쳐 대서양으로 흘러나간다. 과거에는 해외 무역뿐 아니라 내륙 수운의 중요한 통로였고, 세비야가 번성하는 데 큰 역할을 했다.

현재 강변에는 차전거 도로가 잘 정비돼 있다. 나는 강변을 두어 차례 오가며 주요 다리 이름을 익혔다. 어느새 세비야 구시가지 전역이 머릿속에 그려졌다.

먼저 찾은 곳은 세비야의 랜드마크인 스페인 광장Plaza de Espana. 산 베르나르도San Bernardo 지구에 있다. 우리나라의 한 전자회사 휴대폰 광고 촬영지로도 유명하다.

'스페인 광장'이라는 이름은 고유명사 같지만, 사실 스페인 대부분의 도시(로마에도 있다) 중심에는 이런 광장이 하나씩 있다. 그러나 세비야의 스페인 광장은 규모 면에서 압도적이다. 무엇보다 우아한 건축물과 '물'이 어우러진 탁월한 경관은 여타 도시들의 광장을 압도한다.

원래 시립공원 자리였으나, 1929년 세계박람회를 유치하면서 본부 건물로 재탄생했다. 스페인에서 광장의 본래 기능은 물품을 사고파는 시장이었다. 건물 아래쪽 반원형 회랑을 따라 스페인의 주요 도시 문장紋章과

세비야의 스페인 광장. 우리의 광장 개념과는 다르다.

역사적 장면을 타일 모자이크로 장식해놓았다. '비주얼'로 스페인을 알리는 멋진 착상이다. 이것만 꼼꼼히 살펴도 스페인 역사는 웬만큼 파악할 것 같다.

기마상과 엘 시드

유럽을 여행하다 보면 말을 탄 조각상을 흔히 만난다.

주로 역사적 장소나 광장인데, 군주도 있지만 전쟁에서 빛나는 전공을 세운 장군이 많다. 흥미롭게도 말의 자세만 봐도 그 장군이 어떻게 생을 마감했는지 알 수 있다는 속설이 있다.

세비야 구시가 중심 거리에 있는 엘 시드 기마상

네 다리가 모두 땅에 닿아 있으면 천수를 누렸다는 뜻, 앞발 한쪽만 들고 있으면 전투에서 부상을 입었다는 뜻이고, 앞발 두 다리를 모두 들고 있으면 전사를 의미한다.

물론 예외도 있다. 예컨대 천수를 누린 러시아 '건국의 아버지' 표트르 대제의 청동 기마상은 앞발을 치켜들고 있어 역동성을 강조했다.

스페인 광장을 떠나 레알 알카사르^{Real Alcazar}로 향하던 길, 한 교차로 ^{roundabout}에서 멋진 기마상을 발견했다. 한 손에는 방패, 다른 손에는 긴 창을 들고 금방이라도 달려나갈 듯한 자세. 말은 앞발 한쪽을 들고 있었다. 혹시… 하는 생각이 들어 가까이 다가가니, 아니나 다를까 스페인의 영웅 '엘 시드'였다.

순간 가벼운 흥분이 일었다. 주변을 보니 거리 이름도 '엘 시드 가Ave. El Cid'였다.

엘 시드라는 이름은 우리 귀에도 낯설지 않다. 무어인들을 몰아내는 데 큰 공을 세운 역사적 인물이기 때문이다. 특히 찰턴 헤스턴과 소피아 로렌이 열연한 영화 〈엘 시드〉가 국내에도 여러 차례 개봉돼 유명해졌다.

엘 시드는 실존 인물로, 본명은 로드리고 디아스 데 비바르Rodrigo Diaz de Vivar, 1043~1099. 스페인인들이 이순신 장군에 비견할 정도로 존경하는 인물이다. 심지어 미국 뉴욕 브로드웨이 155번가에도 스페인계 이민자들이 세운 그의 동상이 있다.

영화 〈엘 시드〉 포스터

콜럼버스가 영면하는 성당

스페인에는 성당이 많다.

그 숫자와 규모는 상상을 초월한다.

처음에는 호기심과 놀라움으로, 시간을 들여 꼼꼼히 성당 순례를 한다. 시간이 지나면서 이런 진지한 태도는 슬그머니 사라진다. 너무 많기 때문이다.

그럼에도 성당은 스페인에서 절대 지나칠 수 없는 곳이다. 스페인의 역사는 곧 가톨릭의 역사이기에.

세비야 대성당 내부의 웅장한 기둥

그런 의미에서 찾아간 곳이 산타 크루즈^{Santa Cruz} 지구의 대성당, 바로 세비야 대성당이다. 인근에는 압바스 왕조 시대 궁전인 레알 알카사르와 부속 정원의 일부가 남아 있다. 이는 대성당 자리가 과거 무슬림 통치 시절 모스크였음을 말해준다.

대성당은 말 그대로 '대★성당'이었다.

지금까지 보아온 톨레도 대성당이나 말라가 대성당은 비교가 되지 않았다. 유럽 여행을 하며 웬만한 성당 규모에는 '면역'이 돼 눈 하나 꿈쩍하지 않던 나도 세비야 대성당 앞에서는 눈이 번쩍 뜨였다. 안으로 들어

콜럼버스의 유해가 든 관. 네 명의 옛 스페인 왕이 들고 서 있다.

서 기둥을 보니 입이 다물어지지 않을 만큼 거대했다. 과거 일본을 여행할 때였다. '축소지향의 일본인'만 떠올리다가 교토 나라奈良의 도다이지東大寺에서 부처 크기에 깜짝 놀랐던 그때와 지금 심경이 '오버랩'되었다.

크기로 본 세계 5대 성당은 바티칸의 성 베드로 대성당, 런던의 세인트 폴 대성당, 세비야 대성당, 밀라노 대성당, 이스탄불의 성 소피아 대성당이다.

세비야 대성당은 크기만 큰 것이 아니다. 1402년에 공사를 시작해 완공까지 100년이 걸렸지만, 이후에도 수세기에 걸쳐 증·개축을 거듭했다(지금도 공사 중이다). 그 결과 고딕, 르네상스, 바로크 양식이 혼합된 서양 건축 양식의 '종합선물세트'가 되었다 해도 과언이 아니다. 내부는 스페인 역대 거장들의 성화聖畵로 장식되어 장중함을 더한다.

내가 이 성당에 특별히 관심을 가진 이유는 따로 있었다.

콜럼버스의 시신이 안치되어 있기 때문이다. '안치'라고 하기에는 조금 어폐가 있다. 그의 관은 공중에 '떠 있다'. 정확히 말하면, 4명의 왕이 관의 네 귀퉁이를 들고 서 있는 형상이다. 마치 우리 사극에서 하인들이 마님을 태운 가마인 사인교四人轎를 들고 서 있는 형상이다.

중세 스페인은 카스티야, 레온, 아라곤, 나바라 왕국 등 4개의 나라로 나뉘어 있었다. 앞의 두 왕은 당당히 고개를 들고 있고, 뒤의 두 왕은 고개를 숙이고 있다. 무슨 잘못을 한 것일까? 내 눈에는 네 명 모두 벌을 받고 있는 모양새다. 역사 속의 형량은 '영겁의 세월'이다. 죽어서 받았으니 사면도 없다.

왕이나 왕족이 아닌 일반인이 대성당에 영면하는 경우는 극히 드물다. 도대체 콜럼버스를 둘러싸고 과거 스페인에서 무슨 일이 있었던 것일까?

"나는 절대로 스페인 땅에 묻히지 않으리라"

1492년 8월 3일, 콜럼버스는 산타마리아호, 핀타호, 니냐호 등 세 척의 배로 구성된 선단을 이끌고 팔로스Palos 항을 떠나 '미지'의 세계로 향했다. 기함 산타마리아호에는 그 자신이 승선했다. 6년의 기다림 끝에 스페인 이사벨 여왕Isabella, 1451~1504을 설득해 후원을 얻어낸 결과였다.

세 달의 항해 끝에 그는 인도에 도착했다고 믿었지만, 그곳에는 이미 수많은 원주민이 살고 있었다. 그래서 원주민을 인도인, 즉 '인디언Indian'이라 불렀다(지금은 미국과 중남미에서 '인디언' 혹은 '인디오' 대신 Native American Tribes라는 표현을 쓴다). 그가 처음 발을 디딘 곳은 바하마 제도의 작은 섬으로, '구세주'라는 뜻의 산살바도르San Salvador라 명명했다. 거의 모든 선원이 탈진한 상태에서 닿은 육지였기 때문이다.

크리스토퍼 콜럼버스. 그의 도전 정신과 과감한 실천이 세상을 바꾸었다.

콜럼버스는 당시에도 찬사와 비난이 엇갈린 인물이었다.

'탐험가, 모험가, 항해사'라는 존경의 수식어와 함께, '탐욕스러운 욕심쟁이, 잔혹한 리더, 전도를 빙자한 원주민 학살자, 대착각의 주인공'이라는 비판도 따라다녔다. 후세의 평가 역시 지금까지도 분분하다. 하지만 인류 역사에 거대한 족적을 남긴 선구자였음은 부인할 수 없다.

그렇다고 그의 말년이 영광스러웠던 것은 아니다.

든든한 후원자였던 이사벨 여왕이 세상을 떠나자, 그를 질투하거나 못마땅해하던 사람들이 보복에 나섰다. 죽는 순간까지 인도라고 생각했던 신대륙은 황금과 향신료 같은 부를 안겨주지 못했고, 식민지 경영도 순탄치 않았다. 네 번째 항해를 마친 뒤에는 총독직과 재산을 모두 박탈당했다. 결국 여왕 서거 2년 후인 1506년, 마드리드 외곽 도시 바야돌리드에서 쓸쓸히 생을 마쳤다.

얼마나 스페인에 한을 품었으면 이런 유언을 했을까.

"나는 죽어서도 스페인 땅에 묻히지 않으리라."

그래도 스페인 땅에 묻힌 사연

살아서도 파란만장했지만, 죽어서는 더 파란만장(?)했다.

그의 시신은 한곳에 영면하지 못하고 이곳저곳을 떠돌았다. 1537년, 며느리 마리아는 남편과 시아버지의 유해를 세비야 주 카르투시안 수도원에서 도미니카 공화국으로 옮겨 산토도밍고 대성당에 봉안했다. 시아버지의 유언을 충실히 이행한 셈이다.

세월이 흘러 1795년, 도미니카 공화국이 프랑스 식민지가 되자, 그의 유해는 당시 스페인 식민지였던 쿠바 아바나 성당으로 옮겨졌다.

이 과정에서 도미니카 공화국 측은 "스페인 측이 가져간 것은 다른 사람의 유해이며, 콜럼버스의 진짜 유해는 지금도 우리나라에 보관돼 있다"고 주장했다. 그 결과, 유해의 진위 여부는 '세기의 논란거리'가 되었다.

어쨌거나 모두 그가 생전에 '주름잡았던' 서인도 제도였다.

다시 한 세기가 지나, 쿠바 문제로 스페인과 미국이 전쟁을 벌였고 스페인은 완패했다. 그 결과 쿠바는 독립했고, 필리핀은 미국의 손에 넘어갔다.

이로써 콜럼버스의 유해는 근 380여 년 만에 대서양을 건너, 생전에 이를 갈았던 스페인 땅으로 '원대 복귀'하고 말았다.

그런데 수많은 연고지가 있음에도 왜 하필 세비야에 안치됐을까?

그 이유는 세비야야말로 대항해 시대 스페인 영광의 열매를 가장 크게 누린 도시였기 때문이다.

콜럼버스와 산타페 협약

크리스토퍼 콜럼버스Christopher Columbus, 1451~1506는 이탈리아 제노아에서 태어났다. 우리는 영어식 이름에 익숙하지만, 그의 모국에서는 '크리스토포로 콜롬보Christoforo Colombo'라 부른다. 몇 해 전 제노아를 찾았을 때, 도시 곳곳이 완전히 '콜롬보 세상'인 듯했다.

그가 인생 후반부를 보낸 스페인에서는 '크리스토발 콜론Christobal Colon'이라 불린다.

그는 타고난 항해가이자 모험가였다.

같은 이탈리아인인 마르코 폴로가 쓴 〈동방견문록〉을 탐독하며, 신항로를 개척해 황금과 향신료 무역으로 대박을 꿈꿨다. 그러나 살아 돌아올 확률은 희박했다. 젊은 시절부터 그는 프톨레마이오스(고대 그리스의 천문·지리학자)의 지리학서를 탐독하며 지구 둘레와 바다 거리를 계산했다. 하지만 실제 거리보다 1/4로 줄여 계산하는 치명적인 오산을 범했다. 잘못된 수치를 믿고 항해하다 큰 곤욕을 치른 셈이다.

지금으로 치면 콜럼버스는 '배포 큰 벤처 사업가'였다.

30대 중반부터 이런 지리 지식을 바탕으로 대서양 탐험을 실천에 옮기려 했다. 하지만 당시 이런 사업은 한 나라 군주의 후원이 아니면 불가능했다. 포르투갈, 영국, 프랑스의 문을 두드렸으나 모두 거절당했다.

마지막으로 찾아간 곳이 스페인이었다.

때마침 1492년 1월, 스페인의 이사벨 여왕이 그라나다 알람브라 궁에 버티던 이슬람 나스르 왕조를 무너뜨리고, 국토 수복이라는 역사적 쾌거를 이루었다. 상황이 달라졌다. 무슬림을 몰아내고 레콘키스타 Reconquista(국토 탈환)의 위업을 달성한 여왕은 만족했을까? 범인凡人이라면 그랬을지 모르지만 여왕은 달랐다.

그녀는 "이제는 바다다. 포르투갈과 바다를 두고 치열하게 경쟁해야 한다"고 판단했다.

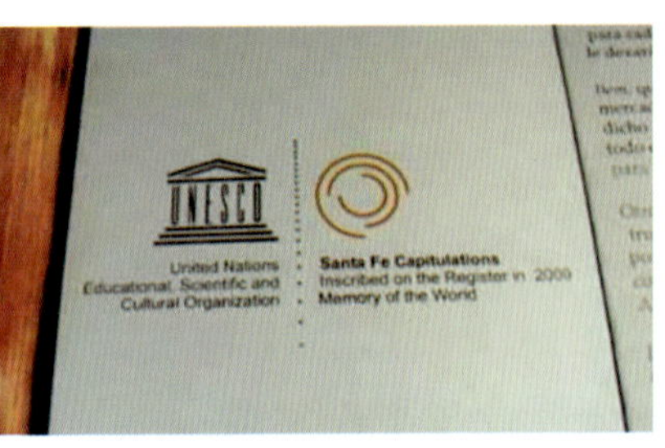

산타페 협약서. 이사벨 여왕은 콜럼버스에게 파격적인 대우를 해주었다.

1492년 4월 17일, 왕실은 콜럼버스와 계약을 체결했다.

그라나다 함락을 위해 설치된 야전사령부가 있던 산타페에서 이루어진 이 계약은 역사에 '산타페 협약Santa Fe Capitulations'으로 기록됐다. 협약의 골자는 이렇다.

스페인 국왕은 콜럼버스에게 귀족 칭호를 내리고, 앞으로 이끌 선단의 제독직을 맡긴다. 새로운 땅을 발견하면 총독 및 부왕의 지위를 부여하며, 그곳에서 나오는 금·은 등 재화의 10%를 소유하게 하고, 이 모든 권리는 자손에게 상속된다.

여왕은 강력한 후원자였다. 대신들의 반대에도 불구하고 콜럼버스를 전폭적으로 지원해, 그가 무려 12년에 걸쳐 네 차례 항해를 감행할 수 있게 했다.

나는 이번 여행을 준비하며 콜럼버스의 일대기를 다룬 스페인 영화 〈1492〉를 두 번이나 보고 나왔다. 영화 속 여왕은 콜럼버스에게 무한한 신뢰와 함께, 연정을 품은 듯한 장면이 여러 번 등장한다.

그것이 과연 사실이었을까? 군주와 '벤처 사업가'의 그런 관계가 당시 가능했을까? 여왕은 남편인 아라곤의 페르난도 왕과 별거 아닌 별거 중이었고, 콜럼버스와는 동갑(1451년생)이었다. (필자보다 정확히 500년 연상!) 물론, 이는 별 의미가 없다. 여왕이 그의 지력과 목숨을 건 과단성에 매료되어 무한 신뢰를 보낸 결과가 그런 의심을 낳았을 것이다.

영화는 무엇인가를 암시하려 하지만, 영화는 영화일 뿐이다.

'착각'이 낳은 인류 대사건

인류 역사상 베스트셀러 1위가 성서이듯, '예수 탄생과 죽음'은 인류 최대의 사건이라 말하는 학자들이 있다. 그다음으로 콜럼버스의 신대륙 발견을 꼽는 이들도 있다. 전적으로 동의할 수는 없지만, 인류사의 큰 물줄기를 바꾼 대사건임에는 틀림없다.

그의 첫 항해, '범선 3척의 초라한 선단'은 훗날 전 세계 바다를 제패하며 '무적함대'를 거느릴 스페인 해상 강국의 탄생을 알리는 첫걸음이었다. 동시에 소수의 유럽인을 위해 그들의 스무 배가 넘는 '신대륙' 사람들이 고통받는 제국주의의 긴 역사가 시작되는 순간이기도 했다.

콜럼버스는 식민 통치의 목표로 '3G'를 내세워 무자비하게 다스렸다.

3G란 Gospel(선교), Glory(국왕 찬미), Gold(황금 약탈)였다. 배교자背敎者는 화형에 처했고, 사금 채취에 게으른 자는 가차 없이 두 손목을 절단했다. 심지어 짐승 사냥하듯 투망으로 원주민을 잡아 노예로 팔아넘기기도 했다.

1492년 처음 도착했을 때 산토도밍고의 인구는 약 20만 명으로 추정됐다. 30년 뒤에는 1만 5천 명 정도만 남았고, 다시 10년 뒤에는 불과 수백 명만 남아 거의 '멸종' 상태가 되었다. 면역력이 전혀 없던 이들에게 서구의 각종 병균이 퍼진 것도 치명적인 원인이었다.

예일대 역사학자 데이비스 박사는 이렇게 표현했다.

"그들은 인류 역사상 최대의 인종 말살자였다."

흥미로운 것은, '착각'이 세계사적 사건의 계기가 되었다는 점이다.

첫 항해 때는 거리를 축소 계산한 착각 속에서 난관에 봉착했고, 발견 역시 착각이었다. 1498년 포르투갈이 인도 항로를 개척하면서 인도의 실체가 알려졌고, 피렌체 출신 항해사 아메리고 베스푸치Amerigo Vespucci, 1454~1512의 탐험으로, 콜럼버스가 발견한 곳이 새로운 대륙이라는 사실이 드러났다.

그래서 아메리카 대륙은 콜럼버스가 아닌 '아메리고'의 이름을 따르게 되었다는 것은 널리 알려진 사실이다.

이 대목에서, 콜럼버스는 명부冥府에서도 억울해할지 모른다.

유럽은 과거에 같은 기독교 문화권에 속해 있었다.

지역마다 사투리가 달라지는 정도의 차이일 뿐, 하나의 문명 공동체였다.

넓게 보면 아시아 국가는 '영토' 개념인데, 유럽 국가는 '분권적 왕가(왕조)' 개념이었다.

왕위 계승 전쟁으로 맺어진 유트레히트 조약에 따라 지브롤터가 영국 영토가 된 것처럼, 중세부터 유럽은 왕통 문제로 자주 충돌을 빚었다.

중세에서 근대까지, 유럽에는 지배 권력 면에서 절대적인 단일 왕국이 없었다.

그래서 유럽사는 '인명人名' 하나만 알아도 이해가 쉬운 경우가 많다.

예를 들어, '존John'이라는 이름은 영국과 미국에만 있는 것이 아니다.

프랑스에서는 '장Jean', 독일에서는 '요한Johann', 동유럽에서는 '얀Jan', 스페인에서는 '후안Juan', 포르투갈에서는 '주앙Joao', 이탈리아에서는 '조반니Giovanni'가 된다.

모차르트의 오페라 〈돈 조반니〉는 또 다른 오페라 〈돈 후안〉이 아니다. 사실 두 작품의 주인공은 같은 인물로, 전설 속 스페인의 바람둥이 귀족 '돈 후안'을 다룬 것이다. 이를 모르면 혼동하기 쉽다.

또 다른 예를 들어보자.

- 영어의 '찰스Charles'는 프랑스에서는 '샤를Charles', 독일에서는 '카를Karl', 스페인에서는 '카를로스Carlos'가 된다.

● 영어의 '윌리엄William'은 독일에서는 '빌헬름Wilhelm', 프랑스에서는 '기욤Guillaume', 이탈리아에서는 '굴리엘모Guglielmo', 스페인에서는 '기예르모Guillermo'다.

● 영어의 '헨리Henry'는 프랑스에서는 '앙리Henri', 독일에서는 '하인리히Heinrich', 스페인에서는 '엔리케Enrique', 포르투갈에서는 '엔히크Henrique'로 불린다.

● 영어의 '피터Peter'는 프랑스에서는 '피에르Pierre', 스페인에서는 '페드로Pedro', 러시아에서는 '표트르Pyotr'다. 예수의 수제자 '베드로'와 같은 인물이니, 근원을 올라가보면 성서가 원천이다. 또 하나의 뿌리는 로마제국의 공용어였던 라틴어였다.

중세 왕족들의 이름은 존, 헨리, 찰스, 윌리엄, 루이스, 에드워드, 리처드, 프레데릭 등으로, 지역마다 조금씩 발음과 표기만 달랐을 뿐이다.

물론 이들은 모두 퍼스트 네임First Name이고, 패밀리 네임Family Name은 직업이나 출신지에서 유래된 경우가 많다.

예를 들어 '테일러Taylor'는 재단사, '스미스Smith'는 철공, '카펜터Carpenter'는 목공, '레이너Rainer'는 기우제를 지내는 사람을 뜻한다.

프랑스의 전 대통령 '샤를 드골Charles de Gaulle'에서 '골Gaulle'은 영어의 '갈리아Gallia', 즉 프랑스의 옛 이름이고, 'de'는 '~의(of)'라는 뜻이니, 해석하면 '프랑스 사람 샤를'이 된다.

인명만 잘 이해해도 유럽사는 한결 쉽게 다가온다.

과거 중·고등학교 세계사 시간에 선생님이 이런 기본부터 알려주고 수업을 시작했다면 유럽사 시간이 훨씬 재미있지 않았을까.

이슬람 제국 최후의 도시,
그라나다

재미있는 도시 이름의 유래

그라나다는 이슬람 문화를 꽃피운 도시로, 스페인 여행에서 빼놓을 수 없는 곳이다.

이슬람 제국은 수도를 코르도바^{Cordoba}로 정하고 11세기까지 이슬람 문명을 발전시켰다. 이후 13세기까지는 세비야가 그 바통을 이어받았다. 그리고 무함마드 1세가 나스르 왕국^{Nasrid Dynasty}을 세워 1492년까지 존속했다. 이 시기는 무슬림의 스페인 통치 말기였으니, 그라나다는 이슬람의 최후 도시가 되었다.

도시 이름은 석류에서 유래했다. 스페인어로 석류^{石榴}를 '그라나다^{Granada}'라 부른다. 그래서 이곳의 상징물은 당연히 석류다. 거리를 걷다 보면 사이프러스^{cypress}만큼이나 석류나무가 많고, 입간판에 석류 그림이 그려져 있는 경우도 흔하다. 선물가게에 가면 석류를 모티브로 한 기념품

그라나다에서 흔히 볼 수 있는 석류 형태의
생활용품

이 다양하게 진열되어 있다.

흥미로운 점은, 수류탄手榴彈을 영어로 '그레네이드grenade'라고 하는데, 스페인어로 '그라나다'이다.

수류탄 내부는 금속 통 안에 작은 화약 알갱이가 채워져 있는데, 이 모습이 석류와 닮아 그런 이름이 붙었다. 도시 이름의 유래가 살벌하고, 어쩐지 으스스한 느낌마저 준다. 조상 대대로 살던 땅을 떠나야 했던 '무슬림의 한이 서린 도시'라는 생각도 스친다.

이보다 더 흥미로운 상징물이 있다. 바로 사이프러스 나무다. 이 나무는 죽음을 뜻함과 동시에 영원한 삶을 의미한다. 그래서 유럽, 특히 남유럽에서는 무덤가에 사이프러스를 많이 심는다.

'그라나다' 하면 1970~80년대 우리나라 고급차의 대명사였다. 재미있게도 자동차 이름에는 스페인어가 유독 많다. 기억하기 쉬운 발음과 강렬한 울림 때문일까. 그라나다를 비롯해 브리사Brisa(산들바람), 아반떼Avante(전진), 에스페로Espero(희망), 다마스Damas(좋은 친구들), 시에로Ciero(하늘), 마티즈Matiz(색조), 티뷰론Tiburon(상어), 디오스Dios(신), 산타페Santa Fe(성스러운 믿음 또는 지명) 등이 있다.

알람브라 궁에서 가장 높은 전망대 알카사바. 그라나다 시내가 한눈에 들어온다. 삶과 죽음을 상징하는 나무 사이프러스가 널려 있다.

알람브라 궁전

알람브라 궁전^{Palacio de Alhambra}은 아랍어로 '붉은 성^城'이라는 뜻이다.

과거 궁전의 밤을 밝히던 횃불 불빛이 성벽에 비치면 붉게 물들어 보였다고 해서 붙은 이름이다. 실제로도 이 지역 특유의 적토^{赤土}로 만든 벽돌이 은은한 홍조를 띤다.

알람브라는 크게 네 구역으로 나눌 수 있다. 알카사바^{Alcazaba}, 나스르^{Nazari} 궁전, 카를로스 5세 궁전, 그리고 헤네랄리페^{Generalife} 정원이다.

모든 문화는 나름의 '아름다움'을 표현한다. 미^美에 집착하지 않은 시

↑ 알람브라 궁전의 대표 정원. 12마리 사자가 받치고 있는 원형 분수. 사자는 입에서 물을 토하는데, 이는 이슬람교에서 생명의 근원을 의미한다. ↓ 알람브라를 대표하는 명소, 아라야네스 중정(Patio de los Arrayanes)

대나 사회는 없다. 이것이야말로 건축물이 역사에 남는 이유다.

아랍 건축물의 특징은 '건축미'가 없다. 외관은 대체로 화려함보다는 견고함이 두드러진다. 멀리서 보면 투박한 요새 같지만, 내부로 들어서면 전혀 다른 세계가 펼쳐진다. 알람브라 궁전도 문을 하나씩 통과할 때마다 화려한 무데하르Mudejar 건축 양식의 정수를 만나게 된다. 무데하르 양식이란 유럽의 로마네스크와 고딕 건축에 이슬람 건축이 혼합된 독특한 양식을 뜻한다.

물이 귀한 사막에서 온 민족답게, 궁전 곳곳에는 시원한 물줄기가 흐르는 정원들이 조성되어 있다. 이는 단순한 장식이 아니라, 자연과의 조화를 중시한 생활 철학이 반영된 것이다.

알람브라는 험준한 시에라 네바다 산맥을 배경으로, 그라나다를 수호하기 위해 언덕 위에 견고하게 지어졌다. 궁전 전망대에서 내려다보면 '신성한 언덕Sacro Monte'이라는 작은 동산이 보인다. 이름과 달리, 이곳은 떠돌이 집시와 가난한 이들이 모여 사는 집단 거주지였다. 화려한 궁전과 궁핍한 빈민촌이 한눈에 들어오는 이 대비는 나스르 왕조 말기의 사회상을 단적으로 보여준다.

왕조가 몰락해가던 시기, 궁전은 더욱 화려하게 증·개축되었다. 이는 '왕조 말기 증상'처럼 보이지만, 동시에 정교한 이슬람 문화의 절정을 보여주는 증거이기도 하다.

멕시코의 시인 프란시스코 데 이카자Francisco de Icaza, 1863~1925는 알람브라 궁전을 이렇게 묘사했다.

"그라나다에서 장님이 되는 것보다 더 큰 형벌은 없다."

1492년

나스르 왕조의 마지막 통치자 보압딜 압둘라 무함마드^{Boabdil Abdullah Muhammad, 1460~1533}는 마침내 스페인을 떠나야만 했다. 수년 전부터 스페인 기독교 세력이 왕조의 숨통을 서서히 조여오고 있었다. 1485년에는 서부의 대도시 론다^{Ronda}가, 1487년에는 남부 해안의 말라가^{Malaga}가 함락되었다.

이사벨 여왕과 남편 페르난도 왕은 마지막 레콘키스타(국토 탈환 작전)에 전력을 쏟고 있었다. 그라나다 함락 2년 전, 그들은 그라나다 인근의 산타페에 야전 사령부를 설치하고 알람브라 궁을 포위해 고사^{枯死}시키려 했다.

보압딜의 일부 참모들은 '이판사판 결사항전'을 주장했으나, 왕의 최

나스르 왕조의 최후. 보압딜이 백마 탄 이사벨 여왕에게 알람브라 궁전의 키를 넘겨주고 있다.

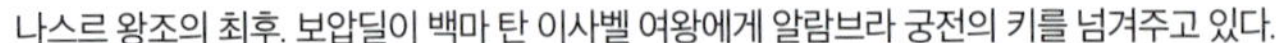

종 선택은 항복이었다. 그는 궁전의 열쇠를 넘기고, 패자의 신분으로 처자식만 데리고 궁을 빠져나갔다.

관용의 무슬림 지배가 종말을 고하고, 무관용의 가톨릭 에스파냐가 새롭게 탄생하는 순간이었다. 아랍의 타리크 장군이 이베리아 반도를 점령한 지 781년 만인 1492년 1월 2일의 일이었다.

이 해는 스페인사뿐 아니라 세계사에서도 상징적인 해다. 불과 몇 달 뒤, 콜럼버스의 산타마리아호가 대서양을 건너며 '신대륙 발견'이라는 또 다른 세계사적 장면을 연출했기 때문이다.

이사벨 여왕. 야심찬 그녀는 가톨릭 결속을 위해 아라곤의 페르난도 왕자와 정략결혼을 결행했다.

보압딜의 항복 조건 가운데 핵심은 두 가지였다.

첫째, 알람브라 궁을 파괴하지 말 것.

둘째, 자신에게 금화 3만 냥을 지불하고, 스페인에 남는 무어인의 생명과 재산을 보장할 것.

그러나 이 약속은 곧 깨졌다. 특히 안달루시아 지방을 중심으로, 스페인 전역의 무어인들은 집과 토지를 빼앗기고 갖은 박해를 받았다. 이슬람 치하에서 살아온 가톨릭 교도, 즉 무사라베Mozarabe들은 그간의 설움을 보복하기 시작했다.

당시 약 50만 명의 무슬림이 스페인에 살고 있었는데, 그중 10만여 명은 학살당했고, 20만 명은 종교적 신념을 지키기 위해 망명길에 올랐다. 나머지 20만 명은 개종을 택해 스페인 땅에 남았다. 이들을 '모리스코Morisco'라 하는데, 이사벨 여왕은 개종에 대한 그들의 진정성을 의심했다.

무사라베와 모리스코

이런 이교도 무관용 정책은 이후에도 이어졌다.

가톨릭 신앙에 강한 신념을 가졌던 펠리페 2세는 "모든 모리스코는 금요일, 즉 무슬림의 휴일에 창문은 물론 대문까지 열어두라"는 칙령을 내렸다. 혹시라도 메카를 향해 절을 하거나 종교 의식을 치르지 않는지 감시하기 위함이었다. 이것은 시작에 불과했다. 이어 그는 순혈령純血令을 공표했다. 이는 조상 중에 유대인은 물론 신교도, 무슬림 등 이교도의 피가 섞인 사람들을 배척하는 종교 탄압 정책이었다.

스페인 전역에서 '퇴거 명령'이 내려졌다. 이때 많은 유대인들은 죽임을 당하거나, 살길을 찾아 북아프리카·사우디아라비아·시리아로, 혹은 유럽의 네덜란드·벨기에 등지로 떠났다. 그 결과 '두뇌 유출'의 폐해가 서서히, 그리고 점진적으로 나타나며 훗날 스페인이 2류 국가로 전락하는 단초가 되었다.

이베리아 반도에서 유대인의 역사는 깊다. 이미 2세기경부터 정착해 지식인, 상인, 수공업자, 의사 등 '머리를 쓰는 직업'을 주로 맡았다. 그러나 원주민 격인 서고트족과 갈등이 심했다. 유대인들이 자신들만의 이익을 우선시했기 때문이었다.

그러던 중 이슬람 지배가 시작되자 유대인들은 내심 환영했다. 무슬림들은 유대인을 아브라함의 같은 자손으로 인정했고, 사회의 동등한 구성원으로 대우했다. 심지어 중요한 직책도 맡겼다. 왕실의 재무관리나 세리稅吏, 외국 대사나 사절단의 일원이 되기도 했다. 코르도바에 있던 탈무드

학교에는 유대인 학자와 사상가들이 모여 학문 연구에 매진했고, 성경과 코란은 물론 탈무드까지 번역했다. 당시 스페인의 의사는 거의가 유대인이었으며, 세금을 징수하는 사람도, 세금을 내는 납세자도 유대인이 많았다.

유대인 추방은 스페인 역사에서 '큰 과오'라고 평가된다. 대제국을 건설하는 데 필요한 인재를 스스로 내쫓은 셈이었기 때문이다. 유대인과 무슬림들이 스페인을 떠났을 때, 그들을 받아들인 나라에서는 이렇게 말했다.

"우리를 부자로 만들기 위해 스페인은 가난을 택했다."

보압딜이 시에라 네바다 산 '눈물의 언덕'을 넘으며, 회한에 찬 얼굴로 알람브라 궁전을 돌아보고 있다.

스페인판 '울고 넘는 박달재 사연'

한편, 궁전을 떠난 보압딜은 선조 타리크의 고향인 아프리카 모로코로 발길을 재촉했다. 시에라 네바다 산맥을 넘을 때 차가운 눈보라가 그의 볼을 때렸다.

"스페인을 잃는 것은 아깝지 않지만, 알람브라 궁전을 다시 볼 수 없는 것이 원통하구나!"

그는 통한의 눈물을 쏟았다.

이를 본 그의 모친이 한마디 남겼다.

대단한 여장부였던 모양이다. 그러나 그 말 속에는 다른 의미도 담겨 있었다. 보압딜이 과거 부왕 물라이 하산^{Muley Hassan}을 강제로 폐위시키고, 삼촌 알 자갈^{Al-Zaghal}과 골육상쟁을 벌였던 지난날을 비꼰 것이었다.

어느 시인은 이렇게 노래했다.

"불운한 왕이시여!

죽을 용기가 없어 알람브라를 떠나는 못난 왕이시여!

남아 있는 인생이 무어 그리 대단하다고,

그까짓 왕관 하나 벗어던지지 못하고

그라나다를 눈물로 떠나가느뇨!"

이 사연 때문에 보압딜이 울고 넘던 시에라 네바다 언덕은 후세 사람들에게 '무어인의 탄식재^{El Suspiro del Moro}'라 불리게 되었다.

보압딜은 아프리카에 도착해서도 사직을 잃은 패자의 비애를 뼈저리게 느꼈다. 무엇보다 알람브라 궁전을 잊지 못했다. 그래서였을까. 그는 모로코 페즈^{Fez}에 '작은 알람브라 궁전'을 짓고 그 속에서 쓸쓸히 생을 마감했다.

문필의 위력

미국 외교관 겸 작가 워싱턴 어빙

화려한 과거와 슬픈 역사가 깃든 궁전.

왜 이곳이 오늘날 세계적인 명소의 반열에 오르게 되었을까?

무려 800여 년 동안 스페인을 지배했던 이민족이 남긴 찬란한 문화의 흔적 때문일 것이다. 그러나 나는 여기에 한 가지를 더 보태고 싶다. 바로 인간의 감성에 호소한 문학과 음악의 힘이 큰 기여를 했다는 점이다.

아랍인이 스페인을 떠난 뒤 수백 년 동안 알람브라 궁전은 거의 방치되었다.

한때는 집 없는 부랑아나 집시들의 소굴로 전락하기도 했다. 이 무렵 스페인 주재 미국 공사로 부임한 인물이 있었으니, 바로 워싱턴 어빙Washington Irving, 1783~1859이다. 그는 수필가이자 소설가로, 미국에서는 '근대 단편소설의 아버지'로 불릴 만큼 문학사에 큰 비중을 차지하는 인물이었다.

워싱턴 어빙을 기리는 방

여행을 좋아했던 그는 유럽 여러 나라를 돌며 각국의 문화를 두루 섭렵했다. 그중에서도 스페인에 매료되었다. 특히 공사 재임 시절, 과거 무어인의 문화에 깊이 빠져들었다. 그는 수개월 동안 안달루시아 지방을 여행하며 취재했고, 그 결과물로 수필집 〈알람브라 궁전 이야기The Tales of Alhambra〉를 출간했다.

어빙은 달빛 속 궁전을 이렇게 묘사했다.

그의 글을 통해 알람브라 궁전은 전 세계에 알려졌고, 스페인 정부는 이를 국가 기념물로 지정했다. 또한 어빙의 공로를 기리기 위해 궁전 안에 '어빙의 방'을 만들고, 그에게 '알람브라의 아들Hijo de Alhambra'이라는 칭호를 수여했다.

'이루어질 수 없는 사랑'

알람브라 궁전의 명성을 더욱 높인 또 한 사람이 있다.
바로 전설적인 기타 연주가 프란시스코 타레가Francisco Tarrega, 1852~1909다.
그는 기타를 독립된 연주 악기로 자리 잡게 한 인물로, 특히 바흐와 베토벤의 곡을 편곡해 큰 갈채를 받으며 '클래식 기타'라는 장르를 개척했다.

'기타의 신' 안드레스 세고비아의 의미심장한 말이다.

스페인 음악의 두 거장은 여전히 클래식 기타계의 전설로 남아 있다. 이런 이유로 스페인을 '기타의 본고장'이라 부르는 데 주저할 사람은 없을 것이다.

타레가는 미모의 제자 콘차를 사랑했다. 하지만 유부녀이기에 이루어질 수 없는 사랑. 그럼에도 타레가의 연정은 깊어만 갔다. 1896년 어느 날, 그는 콘차와 함께 알람브라 궁전을 여행했다. 석양빛이 궁전을 붉게 물들이던 순간, 그는 그녀에게 사랑을 고백했지만 거절당했다.

프란시스코 타레가

후일, 그는 달빛 속에서 함께했던 그날 밤을 떠올리며 한 곡을 썼다. 그것이 바로 〈알람브라 궁전의 추억Recuerdos de la Alhambra〉이다. 이루지 못한 사랑이 슬픈 역사를 품은 궁전에 스며들어 스페인 낭만주의 음악의 '꽃'이 탄생했다.

나 역시 이 곡을 처음 들었을 때 귀가 번쩍 뜨이는 감동을 느꼈다.

"이 간장을 녹이는 선율을 도대체 누가 만들었을까!"

버킷 리스트의 또 한 페이지를 넘기며 부질없는 가정을 해본다.

타레가의 고백이 받아들여졌다면 어땠을까? 아마 오늘날 세계인에게 찬사받는 이 명곡은 태어나지 않았을 것이다. 사랑하는 여인과 아들, 딸 낳고 오순도순 살다가 범부로 사라졌을 것이다.

"인생은 짧고 예술은 길다"는 말은 결코 허사虛辭가 아니었구나….

투우의 원조,
론다에서 피와 예술을 보다

예술가들이 사랑했던 도시

찬란했던 800년의 영화榮華는 덧없었다.

아랍의 전설이 주저리주저리 얽혀 있는 알람브라 궁전을 뒤로하고, 자전거는 북서쪽을 향해 나아갔다. 이번 목적지는 헤밍웨이가 사랑했던 도시, 론다Ronda. 이슬람 시대에는 코르도바 왕국에 속해 '아룬다'라고 불렸다.

론다는 유서 깊은 도시다. 무려 기원전 9세기부터 사람의 주거 흔적이 있었으니 말이다. 고대의 촌락 형성에서 가장 중요한 조건은 '방어'였다. 론다 역시 톨레도처럼 고지대에 터를 잡아, 평야를 내려다보며 방어와 식량 확보라는 두 마리 토끼를 잡았다.

이 작은 도시는 세상 어디에도 없는 독특한 경관을 자랑한다. 독일의

↑ 헤밍웨이 산책로에서 바라본 누에보 다리. 영화 속 '라스트 신'의 배경 ↓ 론다의 누에보 다리 위에서

서정시인 릴케는 1912년, 론다에 머무르며 친구에게 편지를 썼다.

"어디에도 비할 수 없는 이 도시의 매력은 좁고 깊은 계곡으로 두 마을이 나뉘어 있다는 것입니다. 산 너머 산, 계곡 위에 또 다른 계곡이 이어지는 경이로운 모습은 도저히 묘사가 불가능합니다."

스페인을 사랑했던 헤밍웨이. 1954년 〈노인과 바다〉로 노벨 문학상을 받았다. 전직은 신문기자였다.

스페인을 속속들이 꿰뚫고 있던 작가 헤밍웨이 역시 이곳에 장기간 머물며 소설 〈누구를 위하여 종은 울리나For Whom the Bell Tolls〉를 집필했다.

이 도시의 명성을 한층 높여준 것은 바로 '누에보 다리Puente Nuevo'다. 펠리페 5세 시대인 1735년에 공사를 시작해, 무려 58년 뒤인 1793년에 완성됐다. 다리를 처음 마주한 순간 나도 모르게 탄성이 터져나왔다. 지금까지 본 교량 중 가장 '극적인 미교美橋'라는 생각이 들었다.

다리 아래로는 '헤밍웨이 산책로'가 길게 이어진다. 나는 그 길을 천천히 걸으며, 계곡 아래로 떨어지는 바람 소리와 함께 오래전 이곳을 사랑했던 예술가들의 숨결을 느꼈다.

〈누구를 위하여 종은 울리나〉

이 책은 미국의 노벨문학상 수상 작가(1954년) 어니스트 헤밍웨이Ernest Hemingway, 1899~1961의 대표작 중 하나다.

소설은 영국 시인 겸 성공회 사제인 존 던 John Donne의 시에서 영감을 받았다.

어느 늦은 밤, 명상에 잠겨 있던 존 던은 멀리서 누군가의 죽음을 알리는 조종弔鐘 소리를 들었다. 그는 사동을 불러 "누가 죽었는지 알아보라" 부탁했지만, 곧 이렇게 말했다.

"아이야, 그만두어라. 그 종소리는 바로 나를 위해 울리는 것이려니…."

게리 쿠퍼와 잉그리드 버그먼이 열연한 영화 〈누구를 위하여 종은 울리나〉의 한 장면

이 장면은 존 던의 〈죽음에 임하는 기도〉 중 일부에 잘 드러나 있다.

누구든 그 자체로 온전한 섬이 아니다.

모든 인간은 대륙의 한 조각이며, 대양의 일부다.

대륙의 흙덩이가 바닷물에 씻겨나가면

유럽도 그만큼 작아진다.

내가 인류에 포함되어 있기에,

어떤 한 사람의 죽음도 나를 그만큼 감소시킨다.

그러니 누구를 위하여 종이 울리는지 알 필요 없다.

종은 바로 그대를 위해 울리는 것이니.

이 시에서 영감을 받은 헤밍웨이는 1940년 〈누구를 위하여 종은 울리나〉를 발표했다. 작품은 1937년 5월 말 토요일 오후부터 다음 주 화요일 낮까지 단 3일간의 이야기를 다룬다. 그는 스페인 내전의 참혹한 실상을 리얼하게 그려 전 세계에 알렸다.

작중에는 론다 시청 앞에서 반란군 파시스트를 붙잡아 산 채로 깎아지른 협곡 아래로 던지는 끔찍한 장면도 등장한다. 이는 단순한 상상이 아니라, 당시 실제로 있었던 사건을 토대로 썼다.

헤밍웨이는 스페인 내전 당시 국제여단International Brigade 소속으로 참전했다. 종군기자이자 소설가로서 '행동하는 지성'의 면모를 보여줬다. 참고로, 제1차 세계대전에 구급병으로 참전했던 그의 경험은 또 다른 걸작 〈무기여 잘 있거라〉(1929년)에 담겼다.

누에보 다리와 '라스트 신'

동명의 영화 〈누구를 위하여 종은 울리나〉는 스페인 내전의 비참함을 생생하게 담아냈다. 해피엔딩이 아닌 비극적 결말이기에 깊은 여운을 남겼다. 특히 론다의 누에보 다리에서 영감을 받은 '라스트 신'은 긴박감과 초조함이 화면 전체에 넘쳐흐른다.

이야기는 폭약 전문가인 미국인 조던이 정부군 게릴라 부대에 합류하면서 시작된다.

조던(게리 쿠퍼 분, 그는 실제로 헤밍웨이와 절친이었다)은 몬태나 대학 스페인어 강사였다. 폭파 전문가인 그는 국제여단 소속으로 '다리 발파' 임무를 맡는다. 반란군 주력 부대가 다리를 건너는 순간 폭파해 진격을 차단하는 것이 목표다. 폭파부터 탈출까지 주어진 시간은 단 3일.

그 짧은 시간 안에 조던은 게릴라 대원 마리아(잉그리드 버그먼 분)와 영혼을 뒤흔드는 사랑에 빠진다. 전쟁이라는 극한 상황 속에서만 가능할 법한 사랑이다.

마리아는 파시스트에게 아버지를 잃고, 삭발 후 성폭행까지 당한 아픔을 지닌 인물이다. 조던은 그녀의 상처를 보듬으며, 전쟁이 끝나면 미국에서 함께 새로운 삶을 시작하자고 약속한다. 이때 마리아의 순박한 한마디가 관객의 웃음을 자아낸다.

"제 코가 큰데, 키스할 땐 어떻게 하나요?"

조던은 끝내 다리 폭파에 성공한다. 그러나 철수 도중 포탄이 그의 두 다리를 강타해 움직일 수 없게 된다. 적군이 점점 다가오는 절체절명의 순간, 그는 마리아에게 단호하게 말한다.

울부짖으며 남겠다고 매달리는 마리아를, 조던은 게릴라 리더인 집시 여장부 필라에게 맡겨 떠나보낸다.

이제 혼자다. 시야에 나타난 중무장한 적군을 향해 희미해져가는 정신 줄을 붙잡고 기관총을 발사한다. 그때 영화의 마지막 장면, 화면 가득 힘찬 조종 소리가 울려퍼진다.

전설의 마타도르

론다에는 오래전부터 이런 말이 전해 내려온다.

"안달루시아 남자들은 주말 아침에는 성당에서 미사를 드리고, 오후에는

론다의 스페인 최초 근대식 투우장 경내의 소 조각상

과거에는 동서양을 막론하고 남성 중심의 사회였음을 보여주는 말이다.

스페인의 3대 투우장은 마드리드의 라스 벤타스Las Ventas, 세비야의 마에스트란사Maestranza, 그리고 이곳 론다의 플라자 데 토로스Plaza de Toros다.

이 중 론다 투우장이 가장 오래된 역사를 자랑한다. 1785년에 문을 열었는데, 인구 3만 5천 명 남짓한 작은 도시에 무려 5천 석 규모를 갖췄다.

현재 스페인 투우의 규칙은 대부분 론다에서 정립되었다. 그래서 론다를 '스페인 투우의 원조 도시'라고 부른다.

특히 이곳은 프란시스코 로메로, 후안 로메로, 페드로 로메로로 이어지는 3대 투우사 가문의 고향이다. 할아버지 프란시스코는 투우에서 쓰이는 붉은색 천 물레타Muleta를 고안했고, 손자 페드로는 플라자 데 토로스에서 6천 마리 이상의 황소를 단 한 번의 부상 없이 쓰러뜨렸다고 전해진다. 믿기 어려운 기록이다.

절벽 위에 아슬아슬하게 자리 잡아 마치 비상구가 없는 도시처럼 보이는 론다. 그런 론다의 모습은, 누군가 하나는 반드시 쓰러져야 끝이 나는 투우와 묘하게 닮아 있다.

'Corrida de Torros'

이 말은 스페인어로 '투우'이다.

풀어보면 '(황)소와 달린다'라는 의미이고, '싸운다'는 의미는 없다.

수많은 동물 중 소는 지금까지 인간과 적이 된 경우가 없다.

그 선한 눈망울에 무한 복종의 암시가 어린다. 그저 성실하게 묵묵하게 인간을 위해 일하다가 죽어서도 한 점 버리는 것이 없다. 오죽하면 '밤 까먹은 자리는 있어도 소 잡아먹은 흔적은 없다'고 하지 않는가.

'소와 달린다'라는 거짓 포장으로 소를 화나게 만들고, 마구 찔러 마성魔性의 흥미를 유발해 죽음으로 몰아넣을 빌미를 만든다. 광란하는 소를 잠재우기 위해, 혹은 흉기 같은 뿔 때문이라며 모든 책임을 소에게 뒤집어씌운다.

그런 다음 '정의의 사도'를 자처하는 투우사를 등장시켜 열광하는 관중에 화답이라도 하듯 소의 숨통을 끊어버린다. 우리는 영어의 Bullfight를 투우鬪牛로 오역하는 우를 범했다. 투계나 투견이 동물과 인간과의 싸움이 아니듯이.

이런 의미에서 나는 청도 소싸움이 진정 투우라 생각한다.

이번 여행길에서 나는 투우장에 가지 않았다. 볼 생각도 없었고, 앞으로도 가볼 생각이 전혀 없다. 과거에 한번 혼(?)이 난 적이 있기 때문이다.

가족과 함께 해외 주재원으로 근무할 때였으니 오래전 일이다.

이미 결혼해 가정을 꾸린 딸아이가 초등학교 저학년일 때였다. 여름 휴가차 가족과 함께 그리스, 이탈리아, 스페인을 여행할 기회가 있었다. 그때 본 '투우 관람기'인데, 시간이 많이 흘렀지만 지금도 그 광경이 생생해 최근에 본 것과 진배없이 써내려갈 수 있다.

마드리드 지사에 주재하던 회사 동료가 관광 일정을 짜주었다.

당시 마드리드에서 관광 하이라이트는 단연 '투우 관람'이라 했다.

1년 내내 열리는 것이 아니고 마침 투우 시즌에 온 당신은 운이 좋다며 라스 벤타스 투우장Plaza de Torros Monumental de Las Ventas을 예약해주었다.

벤타스 경기장은 4층 규모의 객석에 2만 5천 명을 수용할 수 있는 대형 건축물. 바닥은 모래가 깔린 아레나Arena, 즉 검투사 경기장인 로마의 콜로세움을 연상케 했다.

스페인의 태양은 뜨겁다. 그래서 요금에 따라 좌석은 세 가지. 처음부터 그늘진 좌석 솜브라Sombra, 처음에는 해가 비치다가 그늘로 변하는 솔이 솜브라Sol Y Sombra, 경기 내내 해가 머리에 있는 솔Sol. 우리 좌석은 소의 숨소리도 들릴 지근거리 저층에 솜브라였으니 로열석이었다.

투우 관람, 불편했던 그날의 기록

행진곡인 파소 도블레Paso Doble('더블 스텝'이란 뜻의 행진곡풍)가 울리자, 검은 황소가 경기장에 뛰어나왔다.

기다리던 관중들이 함성을 지르며 손을 흔들어댔다.

경기에 나가기 일주일 전부터 소를 굶기고 안대를 씌워 빛을 차단, 공포심을 키운다. 갑자기 밝은 곳에 온 소는 허둥지둥 경기장을 왔다 갔다 하며 날뛰기 시작했다.

소가 정신을 차리고 가만 서 있을 때, 말을 탄 창잡이(피카도르Picador)가 등장했다. 말이 겁먹지 않게 눈만 보일 정도의 가면

불평등한 게임! 동물 학대 논란의 상징, 투우

을 씌우고, 몸통은 두꺼운 보호대를 둘렀다. 소의 날카로운 뿔 공격에 대비함이다.

창잡이는 소에 접근해 긴 창으로 등, 배 등을 마구 찔러댔다.

그냥 찌르기만 하는 것이 아니라 찔러 비틀어 구멍을 내니, 터진 상수도마냥 피가 쏟아져나왔다. 불의의 습격에 정신없는 이때, 날렵한 작살잡이(반데리예로Banderillero) 3명이 뛰어나와 각자 2개씩 깃털 장식을 한 작살을 창잡이가 찌른 상처 부위에 박아 넣었다.

고통스러워 몸부림칠 때마다 6개의 작살들이 바람 앞에 갈대처럼 흔들거렸다. 그럴수록 미늘 같은 작살 끝은 더 깊이 살 속으로 파고들었다.

얼마나 고통스러울까! 검정소는 '검붉은 소'로 변했고, 투우장 바닥 모래는 피로 흥건했다. 체중을 지탱할 수 없을 정도로 다리는 흐느적거렸

다. 소는 이미 전의戰意를 상실했다.

소의 출혈량만큼이나 관중들의 흥분도는 올라가기 시작했다. 반면, 나와 가족들은 처참한 광경을 차마 응시하지 못해 고개를 떨구었다.

소가 모래판 위에서 만신창이가 된 지 한 20여 분 흘렀을까.

이때 경기의 주역, 투우사(마타도르Matador, 스페인어로는 토레로torero라고도 함)가 금실로 수놓은 화려한 복장을 하고 천천히 걸어 경기장 중앙으로 등장했다. 단단한 근육질 몸매에 미남 배우 같은 그는 최후의 결전을 위해 붉은 망토(물레타Muleta)를 흔들며 소에게 바싹 다가섰다(소는 색맹이므로 붉은색 천을 보고 흥분한다거나 덤비는 것은 사실이 아니다).

투우사는 보조자(페네오Peneo)로부터 단검을 건네받았다.

소의 급소에 칼을 꽂기 전 소와의 마지막 퍼포먼스를 펼친다. 가급적 몸을 움직이지 않고 슬쩍 소를 피할 때마다 관중들은 "올레Ole!"를 외친다.

이때가 투우 경기의 하이라이트이다. 투우 예찬론자는 이 장면을 이렇게 표현한다.

"투우사가 소와 춤을 춘다. 마치 발레리나처럼. 그러나 투우는 죽음을 감수한 위험한 예술이다."

투우사는 빈사 상태의 혼미한 소를 노려보며 찔러야 할 부위를 찾고 있다. 급소를 찔러 고통의 시간을 줄이는 것이 그나마 소를 위한 마지막 '자비'이다.

관중, 투우사, 소 모두 미동도 없다. 적막이 흐른다.

이 정적의 순간에 투우사는 이렇게 속이는 것만 같았다.

순간, 마타도르의 칼은 손잡이만 남기고 소의 몸에 세차게 파고들어갔다. 소는 피를 토하며 아름드리 통나무 쓰러지듯 옆으로 나뒹굴었다.

'불평등의 극치', 게임이 끝난 것이다.

아레나의 주인공 마타도르는 의기양양한 얼굴로 관중의 환호에 답했다. 곧이어 말 탄 피카도르들이 이번에는 창 대신 밧줄을 가지고 등장해 죽은 소를 끌고 나갔다. 그다음 밀대를 든 사람들이 나타나 '다음 소'를 위해 피 묻은 모래를 치웠다. 이런 식으로 6마리의 소가 죽어나가면 투우장의 하루 일정은 끝이 난다.

'많은 피를 본' 우리 가족은 경기 중간, 경기장을 나와 바로 숙소로 갔다. 다른 관광 일정도 취소했고, 저녁 식사도 건너뛰었음은 물론이다.

내가 직접 목격한 '피의 의식'

투우의 기원은 고대 종교의식, 속죄하는 마음으로 동물의 피를 제단에 뿌리는 행위에서 시작되었다. 나는 이 설說 일부를 공감한다. 북아프리카에서 '피를 뿌리는 의식'을 직접 목격했기 때문이다. 북아프리카라면 스페인 무어인의 조상이 살던 땅 아닌가.

투우의 기원설을 쓰려니 지나간 젊은 시절, 바로 그 상황이 머리에 맴돈다.

이야기는 꼰대의 흰소리도 아니고, 자랑은 물론 아니다. 젊은 날 '열사의 메마른 땅'에서 신명 나게 일했던 당시의 회고담이다. 환경이야 어떠하든 몰두하여 '일할 기회가 있다는 것' 자체가 행복한 시대였다. 이제 와 생각하니 그때가 내 인생의 화양연화花樣年華였다.

1970년대 중반, 북아프리카 수단에 파견되어 근무할 때였다.

건설 현장은 수도 카르툼Khartoum에 이 나라 영빈관을 건설하는 공사. 규모는 지상 12층, 지하 1층에 200객실로, 공사 기간은 1977년 7월부터 1980년 5월까지였다.

이런 공기工期는 우리나라에서는 가능했다. 그러나 '신이 버린 땅'이라는 수단에서는 매우 불확실했다. 한반도 면적의 8배가 넘는 아프리카에서 가장 큰 나라. 이 나라가 가진 것이라고는 섭씨 40도를 웃도는 뜨거운 기후와 사막 모래바람과 말라리아 모기, 그리고 가난뿐이었다. 물과 모래만 빼고 공사 자재는 전부 해외에서 들어와야 했다.

나의 담당 업무는 3만 톤에 달하는 건설 자재 물동량을 공사 현장에 조달하는 일이었다. 홍해에 면한 이 나라 유일한 항구 포트수단Portsudan은 시설이 몹시 열악했다. 선석船席이 적어 공사 자재를 싣고 온 배가 입항도 못 하고 외항外航에서 한 달 기다리는 것은 다반사였다. 겨우 접안接岸하여 자재를 하역해도 공사 현장 카르툼까지는 무려 1,700km. 게다가 중간에 남한 면적만 한 누비아Nubia 사막이 복병처럼 자리 잡고 있었다. 트럭이

사막에 진입했을 때 떠오른 태양이, 사막을 미처 빠져나가기도 전에 기울기 시작할 정도였다.

그러나 한국인이 누구인가!

열악한 조건을 이겨내며 약속된 기한 내 완공을 목표로 공사를 착착 진행시켜나갔다. 공사 현장에서 청나일 건너편으로 수단 대통령 집무실이 있었다.

청나일은 강폭이 좁아 육안으로도 강 건너 공사 진척 사항을 볼 수 있었다. 타워 크레인으로 매일 한 층씩 골조를 올리는 것을 본 대통령은 다음과 같은 찬사를 아끼지 않았다.

"놀랍다! 한국인은 기적을 만드는 매지션magician!"

대통령을 감복시킨 것이다.

이에 힘입어 당사는 포트수단에 타이어 공장을 지어달라는 수단 정부의 요청을 받았다. 회사는 I.T.M.D란 독자 브랜드로 생산품을 아프리카 전역에 공급키로 계획했다. 소위 '턴키 베이스' 방식으로 건설, 원부자재 공급, 공장 가동, 운영 모두 당사 몫이었다. 공사 금액이 거금 8천 8백만 달러였고, 홍해 물을 끌어다 담수화淡水化 플랜트를 만드는 등 최신 설비를 갖추었다.

아프리카 대륙 최초의 초현대식 타이어 공장이었다.

1979년 가을, 공장 기공식의 한 장면은 지금도 머릿속에서 지워지지 않는다. 고대 종교의식처럼 너무 끔찍한 광경 때문이었다. 수단 대통령을 비롯, 당사의 김우중 회장님 등 수많은 유력 인사들이 초청되었다.

행사 시작 한 시간 전쯤일까.

건장한 수단 사람이 큰 황소를 한 마리 끌고 식장에 나타났다.

그는 식장 연단 옆 땅에 쇠말뚝을 박더니, 소의 앞발 뒷발을 묶어 매어 놓는 것 아닌가. 알 수 없는 행동이었지만, '잔칫날'이니 행사가 끝나면 잡아서 나누어 먹는 정도로 생각했다.

잠시 후, 이날의 최고 귀빈 자와파르 니메리 수단 대통령이 도착, 수행원·각료들과 연단을 향해 걸어오기 시작했다.

이때였다.

소를 끌고 온 건장한 사내는 허리춤에서 날카롭게 벼린 칼을 뽑았다.

사막에서 휴대하는 호신용 긴 칼이었다. 그 칼로 묶어놓은 소의 목을 힘차게 찔렀다. 일격에 붉은 피가 분수처럼 뿜어나와 소 주위 땅을 흥건히 적셨다. 소는 단말마斷末魔의 비명을 지르며 마지막 경련으로 몸부림쳤다. 비릿한 피 냄새가 진동했다. 끔찍한 광경이었다.

바로 그때, 대통령이 흥건한 선혈 위를 힘차게 뛰어넘자 참석한 내빈들이 일제히 기립, 힘찬 박수를 보냈다. 제주祭主 대통령을 위한 박수이자, 행사 축하를 위한 '피의 의식'이었다.

지중해와 대서양,
두 바다가 만나는 경계에서

지척의 바다 건너 검은 대륙이 있다. 아프리카 냄새가 뜨겁고 건조한 바람에 실려 온다. 남스페인의 해안은 연중 300일 이상 태양이 내리쬐며, 유럽인이 꿈꾸는 휴양지가 즐비하다. 투명한 에메랄드빛 바다, 토플리스 미녀들이 한가로이 누운 백사장, 화려한 호텔과 별장 등 끝없는 절경이 이어진다. 그러나 이곳에는 세계사의 물줄기를 바꾼 트라팔가르 해변도 있다. 나는 해전사의 두 걸출한 제독, 이순신과 넬슨을 떠올렸다.

트라팔가르 등대 앞에서

트라팔가르에서 이순신을
떠올리다

바다 이름의 '향연'

카디스^{Cádiz}는 역사와 전통을 품은 도시다.

일찍이 기원전 1100년경, 페니키아 상인들이 세운 이곳은 1492년 콜롬버스가 신대륙을 발견한 이후 유럽으로 물자를 실어 나르는 관문 역할을 했다. 또한 '트라팔가르^{Trapalgar} 해전'을 앞두고 프랑스와 스페인 연합함대가 발진했던 곳이기도 하다.

나는 여행 루트를 잡을 때 늘 '물'을 선호한다. 강을 따라 달리면 아기자기하고 여성스러운 맛이 있어 마음이 잔잔히 가라앉고, 탁 트인 바다를 마주하면 모든 시름이 저 멀리 흩어진다. 카디스에서 트라팔가르를 지나 타리파^{Tarifa}에 이르는 해안은 대서양이 펼쳐진다. 이 구간의 바다는 '빛의 해변^{Costa de la Luz}'이라 불린다.

트라팔가르곶^{Cabo de Trafalgar}을 지나 한참을 달리다 알헤시라스 만^{Bahia}

↑ 역사와 전통을 품은 도시 카디스 ↓ 트라팔가르로 가는 마지막 이정표

de Algeciras을 돌아 나오면 스페인 속의 영국 땅, 지브롤터가 모습을 드러낸다. 여기서 나는 애마의 이마에 영국기 유니언 잭Union Jack을 부착했다.

지브롤터 해협The Strait of Gibraltar을 통과하면 지중해가 시작된다. 바다의 이름도 '태양의 해변Costa del Sol'으로 바뀐다. 더 가면 남프랑스의 절경, '코트 다쥐르Cote d'Azur'의 쪽빛 바다가 이어지고, 거기서 다시 나아가면 이탈리아의 '리구리아Liguria' 바다가 기다린다.

발음조차 어려운 바다 이름의 향연은 인식의 경계일 뿐, 푸른 물결의 경계는 아니다.

세계사의 흐름을 바꾼 해변에 서서

세계사에 한 획을 그은 그곳을 찾아가기는 쉽지 않았다.

그만큼 찾아오는 사람이 거의 없다는 뜻이기도 했다. 정밀지도에만 작은 글씨로 Cabo de Trafalgar트라팔가르곶라고 표시되어 있을 뿐, 관광지가 될 만한 흔적은 전혀 없다.

영국인이라면 몰라도 스페인 사람들에게 이곳은 치욕의 역사 현장이다. 기념할 하등의 이유가 없다. 외로이 우뚝 서 있는 트라팔가르 등대Faro de Trafalgar만이 전적해戰績海를 향해 서 있을 뿐이다.

인근 마을의 작은 카페에서 커피를 마시며 주인장과 인사를 나눈 뒤, 자전거를 카운터 옆에 맡기고 걷기 시작했다. 멀리 아스라이 보이는 등대가 생각보다 훨씬 먼 곳에 있었다. 워낙 바람이 센 지역이라 곳곳에 모래 언덕이 형성되어 있었다. 맨발이 오히려 걷기에 수월했다. 이따금 몰

트라팔가르 등대 표지판

아치는 강풍에 굵은 모래알이 얼굴을 때렸다. 그날도 이런 바람이 불었을까. 영국 함대에게는 우군이 되었을 이 바람이.

1805년, 지금 내가 서 있는 이 앞바다 – 트라팔가르곶. 프랑스와 스페인의 연합 함대 33척과 영국 함대 27척이 전열을 가다듬고 교전을 준비하고 있었다.

넬슨 제독Horatio Nelson, 1758~1805은 국운을 건 일전을 앞두고 전 함대원에게 전투 개시를 알리는 메시지를 보냈다. 무선이 없던 시절이었으니 약속된 신호 깃발을 올려 전했다.

“영국은 여러분 각자가 자신의 의무를 다할 것을 기대한다.”

(England expects that every man will do his duty.)

정확히 100년 뒤인 1905년, 대한해협에 러시아 발틱 함대가 출현했을 때, 일본 연합함대의 도고 헤이하치로東鄕平八郎 제독은 기함에서 전투 개시를 알리는 깃발을 내걸었다.

“황국의 운명이 이 전투에 달려 있다. 여러분은 각자의 임무를 다하기 바란다.”

(皇国ノ興廃此ノ一戰ニ在リ、各員一層奮励努力セヨ。)

나는 이 대목에서 도고가 넬슨의 수기手旗에서 전술까지 모든 것을 따라했음을 알았다.

정오 무렵, 영국 기함 빅토리^{HMS}

Victory에서 첫 포성이 울렸다. 연속 포
격을 퍼부으며 연합함대 기함 뷔상토
르Bucentaure를 향해 돌진했다. 그곳에는
빌뇌브 제독Pierre Villeneuve, 1763~1806이 있
었다. 영국의 전술은 적 함대의 종심 깊
숙이 파고들어 전열을 교란시킨 다음
각개 격파하는 방식이었다.

함대원들의 일치단결된 분투 없이
는 성공할 수 없는 전술이었지만, 넬슨
은 승리를 확신했다. 그만큼 대원들의
사기가 충만했고, 마침 바람마저 그들
을 뒤에서 밀어주고 있었다.

양측은 치열하게 포탄을 주고받았
다. 그러나 불과 몇 시간 만에 전세는
기울었다. 이 와중에 기함 뒤편에 있던
르두터블Redoutable호에서 날아온 저격
수의 총탄이 넬슨을 쓰러뜨렸다. 그는
부상을 입고도 전투 상황을 지켜보았

넬슨의 기함, 빅토리호

트라팔가르 해전을 앞두고 진용을 갖춘 함대들

지만, 오후 5시 30분경 연합함대 기함에 백기가 올라가고 빌뇌브가 포로
로 잡히면서 전투는 끝이 났다.

감성 리더십의 산물, '넬슨 터치'

넬슨. 그는 젊은 시절 전투에서 한 팔을 잃었고, 눈도 하나 잃었다.

해상 왕국 영국과 육상 왕국 프랑스가 바다에서 맞붙었으니, 영국의 승리는 어쩌면 당연한 일이었다. 그러나 의문은 남는다. 나폴레옹은 왜 이런 싸움을 걸었을까.

그는 오만한 영웅 심리에 취해 영국 해군력을 제대로 파악하지 못했다.

영국에는 넬슨이라는 걸출한 해군 제독이 있었다.

그에게는 그를 무한히 신뢰하는 국가와 부하들이 있었다. 넬슨은 과감하게도 이 해전에서 전통적인 종렬진縱列陣을 버리고, 두 개의 횡렬진으로 적을 파고드는 전술을 선택했다. 이 전법은 주효했고, 트라팔가르 해전을 승리로 이끌었다. 그 결과 나폴레옹의 유럽 제패 꿈은 좌절되었고, 스페인은 완전히 유럽의 변방으로 밀려났다. 반면 영국은 대서양과 지중해를 동시에 장악한 해상 강국으로 급부상했다.

런던 중심가의 '트라팔가르 광장'에는 높이 56m의 넬슨 기념비가 우뚝 서 있다. 그는 해전의 영웅을 넘어 '국가의 혼'으로 추앙받는다. 단순히 적을 무찌른 장수가 아니라, 영국 역사상 가장 강한 해군을 창건한 인물이었기 때문이다. 그의 삶에는 신·조국·의무, 이 세 가지뿐이었다.

그러나 그도 인간이었다.

그에게는 엠마 해밀턴Emma Hamilton, 1765~1815이라는 미모의 젊은 정부情婦가 있었고, 혼외자식까지 두었다. 남편은 당시 나폴리 주재 영국 대사

윌리엄 해밀턴 경이었다. 그러나 모두 눈을 감았다. 그의 태산 같은 업적 앞에서 불륜은 작은 돌멩이처럼 보였다.

서구 사회는 나라가 어려울 때 의도적으로 영웅을 만들어내는 경향이 있다. 미국의 커스터George Armstrong Custer, 1839~76 장군도 그렇다. 남북전쟁의 영웅이었지만, 자만심에 가득 차 자신이 이끄는 제7기병연대가 인디언에게 포위되어 몰살당했다. 미 육군 역사에서 성조기와 부대기를 동시에 빼앗기고 연대장마저 전사한 것은 처음이었다. 그런데도 그를 장군으로 진급시키고 영웅으로 만들었다.

넬슨이 사랑했던 엠마 해밀턴. 영국 정부는 그녀의 상속권을 인정하지 않았다. 기함에서 부관에게 유언을 남겼건만….

넬슨의 리더십은 감성의 통솔과 솔선수범에 있었다.

사소한 일이라도 부하들의 의견을 듣고 토론을 거쳐 결정했다. 부하들의 잠재력을 최대한 끌어내기 위해서였다. 이러한 자질과 태도는 '넬슨 터치The Nelson Touch'라 불리는 새로운 전술을 낳았고, 나폴레옹 함대를 격파하는 원동력이 되었다.

1794년 코르시카 섬 해전에서는 진두지휘하다 오른쪽 눈을 잃었고, 1797년 세인트 빈센트 해전에서는 오른팔을 잃었다. 트라팔가르 전투 마지막 날, 적탄을 맞아 숨을 거두면서도 그는 이렇게 유언했다.

"신에게 감사한다. 나는 내 임무를 다했다."

(Thank God I have done my duty.)

이순신은 이기고 죽었지만, 넬슨은 죽고 이겼다

과거 세계의 전쟁은 바다를 통한 세력 확장 과정에서 이해 충돌이 빈번했다. 그 결과 크고 작은 해전이 무수히 벌어졌다. 해전사 연구자들이 꼽는 '세계 6대 해전'은 발발 연대순으로 다음과 같다.

살라미스 해전, 칼레 해전, 한산도 해전, 트라팔가르 해전, 쓰시마 해전(대한해협 해전), 미드웨이 해전. 이 중 우리나라와 직·간접으로 연관된 해전이 무려 세 번이나 된다.

영국에 넬슨이 있고, 일본에 도고 헤이하치로가 있다면, 우리에게는 이순신이 있다. 그러나 넬슨과 도고는 통치자와 국민의 전폭적인 지지를 받으며 승리했다. 반면 이순신 장군은 군 통수권자에게서 버림받았다. 사령관이 '무등병'으로 강등되는 수모를 겪었다. 나라를 구하겠다는 일념 하나로 수많은 전투에서 승리했다.

해전은 육전과 다르다. 더 비참하다. 출구가 없기 때문이다. 승리냐 죽음이냐, 둘 중 하나다. 배를 타고 적선을 향해 나아갈 때, 목숨은 전적으로 지휘관에게 맡겨야 한다. 그렇기에 이순신은 이렇게 독전督戰했다.

"죽기를 각오하는 자, 반드시 살 것이다!"

넬슨이나 도고는 이순신에 비하면 한 수, 아니 서너 수 아래다. 이 평가는 우리만의 자화자찬이 아니다. 일본의 저명한 역사소설가 시바 료타로^{司馬遼太郎}는 러일전쟁을 다룬 소설 〈언덕 위의 구름〉에서 이렇게 썼다.

충무공 이순신

"쓰시마 해전에서 러시아 발틱 함대와 건곤일척의 전투를 앞두고, 연합함대의 참모장 아키야마 사네유키^{秋山眞之}는 기함에서 이순신 제^祭를 지냈다. 단 한 번도 패한 적 없는 장수로부터 '무운의 기'를 받으려 한 것이다."

잘 알려진 일화도 있다. 발틱 함대를 격파하고 돌아온 도고 제독은 승전 기념식장에서 "당신은 영국의 넬슨이나 조선의 이순신을 능가하는 명장"이라는 찬사를 받았다. 그는 곧바로 정색하며 이렇게 말했다.

도고 헤이하치로

"넬슨에 나를 비견하는 것은 인정하나, 이순신에 비하면 나는 하사관(부사관)도 못 된다. 군인에게 있어 가장 중요한 충성심과 애국심을 놓고 볼 때, 동서고금을 통해 이순신에 비견될 인물은 없다. 나는 살아 돌아와 이렇게 호사를 누리지만, 그는 죽음으로써 조국에 최후까지 봉사하지 않았던가. 나를 이순신에 비교하는 것은 그에 대한 엄연한 모독이다."

도고는 임진왜란 당시의 이순신 전법과 트라팔가르의 넬슨 전법을 1905년 러시아 발틱 함대를 격파할 때 적용했다.

넬슨과 이순신은 200여 년의 시공간을 초월해 놀라울 만큼 닮아 있다. 나는 '혹시 넬슨이 이순신을 흠모하며 벤치마킹한 것이 아닐까' 하는 강한 의구심마저 든다. 이는 해전사가들이 연구할 만한 충분한 가치가 있는 주제다.

전투 대형, 전술 창의성, 부하 통솔력, 국가관, 사생관, 그리고 최후까지… 두 사람은 모두 기함에서 분전하다 적탄에 맞아 전사했다. 그러나 한 가지는 분명히 달랐다.

이순신은 이기고 죽었지만, 넬슨은 죽고 이겼다.

외로운 두 바퀴 나그네가 213년 전 치열했던 전투를 머릿속에 그려본다.

인류 역사는 바다를 차지하기 위한 치열한 싸움의 역사다. 제해권을 누가 거머쥐느냐에 따라 국가의 흥망이 갈렸고, 문명의 주도권이 이동했다. 단 한 번의 해전이 전쟁의 흐름과 한 나라의 운명을 송두리째 바꾸기도 했다. 역사적으로 손꼽히는 여섯 번의 해전은 시대의 질서를 새로 짠 결정적 전환점이었다.

● 살라미스 해전(기원전 480년)

그리스의 테미스토클레스는 400척으로 페르시아 크세르크세스의 800척을 살라미스 좁은 바다로 유인했다. 거대한 페르시아 함선은 기동력을 잃었고, 그리스는 적을 각개격파했다. 이 승리로 페르시아의 서방 팽창이 좌절되고, 그리스 문명이 지중해의 주역이 되었다.

● 칼레 해전(1588년)

스페인은 무적함대 130척으로 영국을 침공했으나, 칼레 앞바다에서 영국의 불배 전술과 폭풍에 무너졌다. 함대는 좌초·침몰했고, 스페인은 몰락의 길을 걸었다. 이 승리로 영국은 해양 패권을 향한 길을 열었고, 대영제국의 시대가 시작되었다.

● 한산도 해전(1592년)

임진왜란 초, 이순신 장군은 한산도 앞바다에서 학익
진으로 일본 함대를 대파했다. 일본 수군 73척 중 59
척이 침몰하고 수만 명이 수장되었다. 이 승리로 조선
은 제해권을 되찾고, 전국에서는 의병이 봉기했다.

● 트라팔가르 해전(1805년)

영국의 넬슨은 트라팔가르 앞바다에서 프랑스·스페
인 연합함대를 맞아 과감한 전술로 적을 분할·격파했
다. 그는 전사했으나 압도적 승리를 거두었고, 영국은
이후 한 세기 넘게 해양 패권을 독점했다. 이 전투는
나폴레옹의 영국 침공 야망을 좌절시켰다.

● 쓰시마 해전(1905년)

러시아 발틱 함대는 7개월, 2만 5천km 항해 끝에 대
한해협에 도착했지만, 도고가 이끄는 일본 해군에 반
나절 만에 궤멸당했다. 5천 명 전사, 7천 명이 포로가
되었고, 일본의 피해는 미미했다. 이 승리로 일본은
조선 지배를 강화하고, 러시아는 극동에서 물러났다.

● 미드웨이 해전(1942년)

진주만 기습 후 공세를 이어가던 일본은 미드웨이를
공격했으나, 암호 해독으로 대비한 미국의 반격에 항
공모함 네 척을 잃고 궤멸했다. 이로써 일본은 제해권
과 제공권을 잃었고, 전쟁의 주도권은 미국으로 넘어
갔다. 미드웨이는 태평양 전쟁의 전환점이 되었다.

지브롤터,
스페인 속 작은 영국을 만나다

영원히 기억될 타리크 장군

트라팔가르를 출발해 남쪽으로 달리기 시작했다.

A-2231 지방도는 노면 요철이 심했고, 오르내림도 만만치 않았다. 대서양에서 불어오는 횡풍橫風은 전진을 방해하는 큰 걸림돌이었다. 풍광은 좋았지만 너무 힘들어 자하라Zahara라는 마을에서 좌회전해 국도 N-340과 만났다. 이 도로를 따라 계속 달리니 인구 약 10만 명의 항구 도시 알헤시라스Algeciras에 도착했다.

이름에서 짐작할 수 있듯, 알헤시라스에는 아랍의 냄새가 물씬 배어 있다. 이곳에서는 모로코의 탕헤르Tangier(영어 표기 Tanger)로 왕복하는 배편이 수시로 있다. 오래된 항구 도시라 도로 사정이 좋지 않아, 어디가 고속도로이고 어디가 일반도로인지 구분하기 어려웠다. 겨우 도심을 빠져나와 한 시간가량 달리자 영국(!)이 바로 눈앞에 보이는, 스페인의 마지막 도시 라 리네아La Linea에 도착했다.

711년, 북아프리카 모로코 일대를 지배하던 장군 타리크 이븐 지야드의 이야기는 이미 전술한 바 있다. 이베리아 반도에 첫발을 디딘 그는 눈앞에 거대한 바위산이 버티고 있는 것을 보고 자신의 이름을 따 '헤벨 타리크Jebel Tariq(타리크의 산)'라 불렀다. 아랍어 '헤벨Jebel'은 '산'을 뜻한다. 이 '제벨 타리크'가 영어식으로 변해 오늘날의 지브롤터Gibraltar가 되었고, 스페인 사람들은 '히브랄따르'라 부른다.

지브롤터에 첫발을 디딘 정복자 타리크 장군

과거 침략의 선봉장이었지만, 지브롤터라는 이름 덕분에 그의 존재는 영원히 기억될 것이다.

스페인 국기의 의미

지브롤터는 그리스 시대부터 '헤라클레스의 기둥'이라 불렸다.

신화에 따르면, 헤라클레스가 지중해와 대서양을 가로막고 있던 거대한 산을 뽑아 없앤 뒤 바다(지브롤터 해협)를 만들고, 두 대륙의 끝에 거대한 기둥을 세웠다고 한다.

산을 뽑아버릴 괴력이 있었다는 항우의 '역발산力拔山' 전설과, 귀신 씨나락 까먹는 듯한 그리스 신화가 여기서 정확히 맞아떨어진다. 어쨌든 그

두 기둥 중 하나가 지브롤터이고, 다른 하나는 바다 건너 모로코의 예벨 무사 Jebel Musa다.

스페인 국기와 왕실 문장

스페인 국기를 보면, 헤라클레스를 상징하는 두 개의 기둥이 그려져 있다. 기둥마다 붉은 리본이 두 번씩 감겨 있다. 리본에는 '플루스 울트라Plus Ultra'라는 라틴어 문구가 쓰여 있다. '저 너머Beyond'라는 뜻이다. 원래는 '논 플루스 울트라Non Plus Ultra(더 이상 없음)'라는 문장이었다. 지브롤터가 세상의 끝, 곧 하데스Hades(지옥)로 가는 입구라고 믿었기 때문이다. 그러나 1492년 콜럼버스가 신대륙을 발견하면서 이 오래된 속설은 깨졌다.

신화와 얽힌 이 지역 이야기는 흥미롭지만, 현실의 역사는 훨씬 냉혹했다. 전쟁에서 패한 스페인은 피눈물을 흘리며 자국 영토의 일부를 영국에 내주어야 했다. 그것도 전략적 최고 요충지를!

이베리아 반도에 세 나라가 있다고?

지브롤터는 스페인 남단에 위치한 작은 반도다.

과거에는 섬이었으며, 인구는 약 3만 명, 면적은 $6.7km^2$로 여의도의 두 배 정도다. 이곳 한가운데에는 높이 425m의 '지브롤터 바위The Rock of Gibraltar'가 삼각기둥처럼 솟아 있다.

지브롤터 국경 검문소. 영국 입국을 기다리는 중. 여권 검사는 했지만 스탬프는 찍지 않았다.

공항은 도로와 겸용이다. 공장이나 농경지가 없어 모든 물자를 수입한다. 관광업이 주류를 이룬다. 특이한 것은 혼인 절차가 간단해 세계적으로 알려진 결혼 장소이다. 존 레논과 오노 요코도 이곳에서 결혼했다.

지브롤터는 대서양에서 지중해로 들어가는 길목에 있어 중요한 군사 요충지다. 해양 강국 영국은 일찍이 이 지리적 이점을 간파했다. 이 조그만 반도가 영국 손에 들어간 것은 1704년, 스페인 왕위 계승전쟁 당시였다. 이곳 근해에서 영국 해군이 프랑스·스페인 연합함대를 격파하고, 처음으로 영국 국기를 꽂았다.

9년 후인 1713년 4월 11일, 프랑스·스페인과 영국·네덜란드·프로이센·포르투갈 사이에 체결된 유트레히트 조약Treaty of Utrecht에 따라 지브롤

입국 검문소를 지나면 바로 나타나는 전설의 '헤라클레스의 기둥' 조형물

터는 영국 식민지로 편입되었고, 영국은 대서양과 지중해의 해상권을 쥐는 발판을 마련했다.

스페인은 제2차 세계대전 이후 여러 차례 지브롤터 반환을 요구했다. 그러나 영국은 "3만여 명의 주민 대다수가 영국 잔류를 원한다"는 사실을 내세웠다. 실제로 2002년 주민투표에서 영국 잔류가 압도적으로 결정됐다. 이는 경제적 이유가 가장 컸다.

스페인이 강하게 나서지 못하는 또 다른 이유가 있다.

바로 바다 건너 모로코에 위치한 세우타Ceuta(면적 18.5km², 인구 8만 명) 때문이다. 15세기 대항해 시대에 포르투갈이 아프리카 진출의 교두보로 세우타를 점령했다. 1580년 스페인이 포르투갈을 식민 지배하기 시작했

지브롤터의 메인 도로. 자동차와 대형 여객기가 함께 사용하는 세계 유일의 국제공항이다.

고, 리스본 조약(1688년)에 따라 세우타 역시 스페인의 정식 영토로 확정되었다. 그러나 제2차 세계대전 이후 아프리카 여러 나라가 줄줄이 독립하자, 모로코 역시 세우타 반환을 꾸준히 요구하고 있다. 하지만 스페인은 내줄 생각이 전혀 없는 실정이다.

'거대한 지구본' 위에 올라선 감흥!

자전거로 오르기엔 경사가 너무 가팔라 단념했다.

업힐에서는 일어서서 체중을 실어 페달을 밟아야만 앞으로 나아갈 수 있다. 그렇게 되면 체인에 심한 부하가 걸린다. 현재 체인은 사용 거리 2천km를 넘어 교환 시기가 되었다. 오르는 도중에 끊어지면 난감한 상황이 벌어질 수 있다. 여행이 이미 중반을 넘긴 시점, 무리하지 말자는 생각에 케이블카를 타기로 했다.

단숨에 '어퍼 록Upper Rock'이라 불리는 지브롤터 정상에 올랐다.

일망무제一望無際! 감탄과 함께 가슴이 벅차올랐다.

어느 바다, 어느 땅에서 불어오는지 모를 바람이 폐부 깊숙이 파고들었다. 지중해와 대서양, 그리고 유럽 대륙과 아프리카 대륙이 한눈에 아득하게 내려다보인다. 지구상에서 두 발로 서서 두 대륙과 두 대양을 한꺼번에 볼 수 있는 곳이 또 있을까. 마치 축지법을 쓰는 도인처럼 거대한 지구본 위에 올라선 기분이었다.

내려가면 그저 추억이 되겠지만, 지금 이 순간 행복감이 온몸을 채웠다. 애마 '로시난테'가 곁에 없는 것이 아쉬웠지만, 오래 꿈꿔온 '버킷 리스트'의 한 페이지를 또 넘겼다.

정상 부근은 야생 원숭이들의 천국이었다.

알고 보니 이곳은 유럽에서 유일한 바르바리 원숭이, 즉 꼬리 없는 원숭이의 최대 서식지였다. 사람을 전혀 무서워하지 않고, 공격성도 없었다. 바로 옆에 가도 미동조차 없다. 심심하면 장난도 걸어온다. 안경, 모자, 핸드백 등은 특히 주의해야 한다.

원숭이에 얽힌 재미있는 속설이 있다.

어퍼 록에서 내려다본 까마득한 환상(環狀) 도로

환상 도로의 난관, 동굴 입구에서

"이 산 정상에 바르바리 원숭이가 살아 있는 한, 스페인은 이 땅을 넘보지 못한다."

한때 개체 수가 3마리까지 줄어 멸종 위기에 처하자, 처칠 수상의 특명으로 모로코에서 같은 종의 원숭이를 긴급 공수해 개체 수를 회복시켰다. 지금은 이 일대를 자연보호구역으로 지정, '원숭이에게 먹이를 주면 4천 파운드의 벌금을 부과한다'는 강력한 규제가 시행되고 있다.

금쪽같은 땅을 영구 소유하려는 영국의 속내가 숨어 있다.

태양의 해변,
코스타 델 솔의 끝없는 유혹

짙은 선글라스가 필요한 해변?

'영국'을 떠난 자전거는 다시 스페인을 달린다.

지브롤터를 기점으로 대서양의 '빛의 해변Costa de la Luz'이 끝나고, 이제는 지중해의 '태양의 해변Costa del Sol'이 시작된다. 무려 300km가 넘는다. 우리 동해안 7번 국도 – 고성에서 구룡포까지의 거리에 맞먹을까.

'태양' 없고 '빛' 없는 바다가 어디 있으랴.

그런데도 유독 스페인 남부의 이 해안에는 '태양과 빛'을 즐기려 세계 각국에서 사람들이 몰려든다. 나 역시 이번 여정의 테마를 '이베리아반도 인문 탐사 기행'이라 잡았지만, '태양의 해변'만큼은 애마와 함께 무념무상으로 질주해보기를 오래전부터 갈망해왔다.

'태양의 해변'은 유럽에서 가장 매력적인 해변 중 하나다. 이 일대의 해변 사진은 누가 찍어도 '작품'이 된다. 북유럽 은퇴자들이 여생을 보내

태양이 유혹하는 해변, 코스타 델 솔

고 싶은 선망의 장소 1순위이기도 하다. 물가가 적당하고 볼거리도 많다. 무엇보다 연중 300일 이상 내리쬐는 태양 덕분이다. 그들은 긴 겨울밤 동안 태양을 동경하며 살아왔다. 그래서인지 북유럽에서는 하지제夏至祭, Midsummer's Day가 크리스마스와 동격의 축일이다.

젊은이들도 사정은 같다. 역동적인 해양 스포츠를 즐기려는 (북)유럽 청춘들에게 이곳은 여름 휴가 '1번지'다.

그림 같은 야자수 그늘 아래 카페에 앉아 세르베사Cerveza(생맥주) 한 잔과 하몽Jamon(염장 돼지고기) 몇 조각을 놓고 쉬어간다. 뜨거운 지중해의 태양 아래 하얀 모래와 색색의 비치 파라솔, 그 아래 간이 침대에 반라半裸로 누워 있는 육덕 좋은 여인들…. 엎드려 있는 여인은 토플리스(상의 탈의)임에 틀림없다.

한술 더 떠, '벌건 대낮 태양 아래' 선남선녀들의 대담한 스킨십이 종종 눈에 들어온다. 문득 영화 〈태양은 가득히Plein Soleil〉의 한 장면이 떠오른다. 푸른 파도가 일렁이는 요트 위에서 벌어지는 정사, 사방은 수평선, 오직 태양만이 지켜보고 있다.

유황빛 태양 아래 푸른 바다는 인간의 원초적 본능을 깨운다. 우선 거추장스러운 옷부터 벗게 만든다. 왜 하필 '대책 없는' 솔로 라이더의 눈에만 이런 광경이 자주 들어오는 걸까. 그토록 다짐했던 '무념무상 페달링'은 어느새 공염불이 되고 만다.

시선 처리를 위해 짙은 오클리 선글라스에 팔·다리 토시, 얼굴을 가리는 버프까지 뒤집어썼다. 더위보다 절실한 것은 태양빛 차단이었다. 갈 길이 멀다. 마음을 다잡고 다시 힘차게 페달을 밟았다.

어제의 적이 오늘은 친구

스페인은 일찍이 관광 산업에 눈을 떴다.

오랜 농업 국가였던 이 나라가 서유럽 국가처럼 부국의 길로 가기 위해서는 당연한 선택이었다.

아름다운 해변과 해수욕장이 이어진 '태양의 해변'은 수많은 도시를 품고 있다.

그중 말라가는 긴 해변의 '대문' 역할을 한다. 1950년, 스페인 정부가 본격적인 관광 정책을 시행한 이후, 한가로운 작은 어촌이 '상전벽해'라

'태양의 해변' 코스타 델 솔의 해수욕장

는 말이 무색할 정도로 급팽창했다. 말라가는 안달루시아 지방에서 세비야 다음으로 큰 도시로, 스페인 전체에서는 여섯 번째로 크다. 항구 규모로는 바르셀로나에 이어 두 번째다.

도시의 역사 또한 길다. 유적지와 다양한 산업, 예술적 토양이 해변 휴양지와 어우러져 환상적인 매력을 만들어낸다. 레콘키스타 이후에는 콜럼

버스의 아메리카 대륙 발견으로 활발한 교역의 관문이 되어 황금기를 누렸지만, 이후 쇠락의 길을 걸었다. 그러나 지금은 다시 도약하고 있다.

이 지역 사람들에게는 이런 말이 전해진다.

코스타 델 솔의 잘 정비된 자전거 전용 도로

"과거에 우리를 괴롭힌 '두 개'의 적이 있었다.

다름 아닌 바다와 태양이다. 바다를 통해 쳐들어온 이민족들에게 끊임없이 시달렸고, 하늘에 작열하는 태양은 삶의 의욕마저 꺾을 정도로 뜨거웠다.

그러나 지금은 둘 다 '구세주 노릇'을 톡톡히 하고 있다. 앞으로도 우리에게 더 많은 부를 가져다줄 것이다. 해마다 3천 5백만 명이 스페인을 찾아오는데, 그중 절반만 이곳에 와도 충분하다."

대동강 '물'을 팔아먹었다는 봉이 김선달도 '빛'을 팔아 떼돈 버는 이들 앞에서는 "대형大兄!" 하며 넙죽 엎드릴 것만 같다.

말라가 중심 거리. 늘 젊은이들로 붐빈다.

피카소의 고향을 지나며

말라가는 세계적인 화가 파블로 피카소^{Pablo Picasso, 1881~1973}의 고향이다.

시내를 거닐다 보면 피카소가 살아 있는 듯한 착각이 들 정도로 그의 이름을 내건 가게들이 즐비하다. 태양과 바다만으로는 관광객을 끌어들이는 데 한계가 있다는 판단 아래, 시 당국은 '피카소의 탄생지'라는 사실을 최대한 부각시키기로 했다.

피카소 카페, 피카소 레스토랑, 피카소 이발소, 피카소가 세례를 받은 성당, 여러 개의 피카소 조형물과 기념비, 엽서와 기념품까지… 온 도시가 피카소의 이름으로 물들어 있다.

하지만 피카소는 열 살에 이곳을 떠났다. 그의 예술작품과 말라가는 직접적인 연관이 거의 없다. 주로 마드리드와 바르셀로나에서 화가로서 입지를 다졌고, 23세에는 아예 프랑스 파리로 이주해 평생 그곳을 중심으로 활동했다. 고향에 대한 애착도 크지 않았다.

말라가의 피카소 미술관

90평생 동안 5만 점이 넘는 방대한 작품을 남긴 그는 생전 고향에 거의 발길을 돌리지 않았다. 현재 말라가의 피카소 미술관Museo Picasso Málaga에 전시된 작품들도 그의 아들이 기증한 200여 점의 드로잉과 습작, 판화, 조각 등 비교적 덜 알려진 것들이 대부분이다.

이곳을 걷다 보니, 몇 년 전 일본 시코쿠 마쓰야마를 여행했을 때의 기억이 떠올랐다.

그곳 역시 어디를 가든 '국민작가' 나쓰메 소세키夏目漱石의 간판이 걸려 있었고, 그의 이름을 딴 기념품이 넘쳐났다. 일본 '근대 문학의 아버지'라 불리는 그는, 사실 도쿄에서 나고 자라 대학까지 도쿄에서 마쳤다. 마쓰야마와의 인연이라면, 젊은 시절 마쓰야마 중학교 영어 교사로 1년간 근무한 것이 전부였다.

고향에 돌아온 피카소

그 1년 동안의 경험을 바탕으로 쓴 자전적 소설 〈도련님〉이 마쓰야마를 전국적으로 알렸고, 지역 상인들은 작품 속 인물, 거리, 소세키가 자주 다니던 목욕탕, 심지어 타고 다니던 '꼬마열차'까지 철저히 상품화했다.

시 당국이 펼치는 '문화 도시' 전략, 작품 속 무대를 관광 자원화하는 노력은 이해할 만하다. 그러나 유명인과의 짧은 인연을 물실호기勿失好機 삼은 마케팅 공세는 뒷맛이 개운치 않았다.

바다 조망의 최고봉, '유럽의 발코니'

말라가를 떠난 자전거는 계속해서 동쪽으로 달린다.

'태양의 해변'을 따라 가다 보면 크고 작은 해수욕장이 끊임없이 이어진다. 그중에는 자전거를 세우고 하룻밤 머물고 싶을 만큼 매혹적인 해변도 있다. 수심이 얕고, 사장은 넓고, 주위에는 나무가 울창하다. 만灣처럼 깊숙이 들어와 파도마저 잔잔하다면 그야말로 해수욕장의 최적 조건이다.

이 모든 조건을 갖춘 마을이 네르하Nerja다.

별칭은 '유럽의 발코니Balcon de Europa'. 카스티야의 군주 알폰소 11세가 이곳의 전망에 감탄해 붙인 이름이라 하니 그 역사가 꽤 깊다. 실제로 바다 위에, 수많은 사람이 동시에 풍경을 즐길 수 있는 전망대 같은 거대한 발코니가 자리 잡고 있다. 전방의 아득한 수평선은 물론, 좌우로 펼쳐진 해변까지 한눈에 들어온다. 그야말로 '태양의 해변' 중에서도 백미다.

예전에 하와이 오아후 섬의 절경 하나우마 베이Hanauma Bay를 찾았을

'유럽의 발코니'라 불리는 네르하

때의 기억이 스쳤다. 하지만 규모나 조망 면에서는 네르하가 압도적이었다. 16km에 달하는 긴 모래 해안은 해수욕뿐만 아니라 수상 레포츠를 즐기기에도 천혜의 환경이다. 종려나무가 우거진 해안 곳곳에 기암괴석이 널려 있다. 그 사이사이 은밀한 곳에 연인들이 밀어를 나누고 있다.

물이 맑아 바닥이 훤히 비칠 정도다.

그리고 특이한 점이 하나 있다. 주위에 '먹는 집'이 없다. 음료수 가게조차 보이지 않는다. 해수욕객들의 짐도 작은 생수병, 큰 타월, 책, 선탠크림이 전부다. 지나온 해변들도 사정은 비슷했다. 유럽인들이 우리보다 적게 먹는 건 아니다. 다만 때와 장소를 가린다. 먹지 않으니 폐기물도 없다. 해변 어디에도 쓰레기가 보이지 않는다.

네르하의 거리 풍경

화장실조차 필요 없는 이 깔끔함.

이런 청결도가 유지되기에 전 세계 사람들이 '태양의 바다'를 찾아오는 게 아닐까. 우리 속담 "금강산도 식후경", "먹고 죽은 귀신이 때깔도 곱다" 같은 사어死語들은 이제 박물관으로 보내야 한다.

네르하 근교의 하얀 마을, 프리힐리아나

스페인 북부는 바스크, 칸타브리아, 아스투리아스, 갈리시아로 나뉘며, 남부와는 전혀 다른 풍경을 보여준다. 아랍의 흔적은 거의 없고, 전혀 다른 나라에 온 듯 새로운 설렘이 일었다. 험준한 산맥과 해식애가 장관을 이루고, 알타미라 동굴 벽화와 중세 건축물, 가우디의 유산, 구겐하임 빌바오가 미학의 향연을 펼친다. 무엇보다 여행자의 영혼을 울리는 산티아고 순례길. 많은 이들이 그 길을 걷는 이유, 나 또한 그 길에서 내 영혼의 심연을 마주했다.

산티아고 순례길과 북부

영혼을 부르는 길 위에서

스페인 북부의 순례길은 물과 어우러져 풍광이 수려하다.

구겐하임 빌바오 미술관 전경

알타미라 벽화에서 구겐하임 미술관까지,
북부의 시간 여행

베레모의 발상지

바스크 지방Basque Country은 스페인에서
이단아처럼 존재한다.

대부분의 스페인인은 아프리카 북부에
서 건너온 이베로Ibero('이베리아'의 기원)족
과 피레네 산맥을 넘어온 켈트족의 후손
이다. 그러나 바스크인은 수천 년 전부터
피레네 산맥 인근에 모여 살며, 고유 언어
인 에우스케라Euskera를 지켜왔다.

로마 시대에도 바스크 지역은 나름의

업다운이 심한 북부 대서양 길. 강풍이 불어 극도의
주의가 필요하다.

자치권을 인정받으며 독특한 문화를 이어왔다. 근현대사로 오면, '하나의
통일된 스페인'을 내세운 프랑코 독재정권에 맞서 이들은 피비린내 나는

대서양의 해식애. 이런 곳에서 완전히 벗고 수영을 해도 태양만 바라볼 뿐이다.

무장투쟁을 벌였다.

'자유조국 바스크 조직ETA, Euskadi Ta Askatasuna' 역시 이 시기에 결성됐다. 그들은 바스크를 억압하는 철권통치에 끝까지 저항했다.

하지만 무력의 균형은 한쪽으로 기울었다. 화력에서 밀린 프랑코는 히틀러에게 도움을 요청했고, 그 결과 무장투쟁의 본산이던 게르니카 마을은 공습으로 초토화됐다. 이는 인류 역사에서 민간인을 대상으로 한 최초의 대규모 무차별 폭격 중 하나였다.

이 참상을 화폭에 담은 작품이 바로 피카소의 걸작 〈게르니카〉다. 거대한 흑백의 캔버스에는 폭격으로 무너진 집, 비명을 지르는 사람과 동물, 절망과 혼란이 뒤엉킨 장면이 그려져 있다. 이 그림은 20세기 미술의 상징이자 전쟁 반대의 아이콘이 되었다.

바스크인은 자신들의 땅을 에우스케라어로 '엘 빠이스 바스코El Pais Vasco(바스크의 나라)'라 부른다. 현실적으로는 '바스크 자치국'이라는 표현이 더 어울린다. 인종과 문화는 남부 스페인과 완전히 이질적이다. 베레모beret帽의 발상지이자, 전통 복장과 놀이 또한 독특하다. 특히 '통나무 썰기'는 바스크만의 힘겨루기 경기로, 지금도 마을 축제의 하이라이트다.

오늘날에도 바스크어는 스페인어와 함께 공식어로 사용된다. 이곳에서 바스크어를 모르면 공무원 등 공직에 임용되기조차 어렵다고 한다. 언어는 곧 정체성, 그리고 저항의 뿌리다.

도시 재생 사업과 빌바오 효과

빌바오Bilbao는 바스크 여행의 출발지였다.

바스크어로는 '빌보Bilbo'라 부른다. 나는 이 지역 사람들에게 짐짓 모른 척하며 '빌보'라는 이름을 써보았다.

"빌보가 고향입니까?" 혹은 "빌보에서 추천할 만한 호스텔이 어디 있나요?" 하고 물으며 상대의 표정을 살핀다. 무심한 사람도 있었지만 몇몇은 윙크로 호감을 드러냈다. 여행길이 지루할 때 이런 작은 장난은 언제나 '차백성표 양념'이 된다.

도심에 들어서자 새로 지은 독특한 외관의 빌바오 축구장이 눈에 들어왔다. 6만 명을 수용할 수 있는 거대한 경기장이다. 인구 35만의 도시에 이토록 큰 구장이 있다니, 바스크인의 축구 사랑을 짐작할 만하다. 1898

빌바오 시청 앞. 도시를 살려낸 주역은 시 공무원들이다.

빌바오 거리의 철강 산업 상징 조형물

년 창단된 명문 구단 '아틀레틱 빌바오 Athletic Bilbao'는 지금도 바스크인의 자부심이다.

빌바오는 '신개념 건축'으로 한때의 암울한 과거를 청산하고 새로 태어난 도시다. 도시 건축에서 '빌바오 효과 Bilbao Effect'라는 용어가 있다. 문화와 예술이 도시 개발에 미치는 영향을 뜻하는 말이다. 즉, 도시 재생 사업의 일환으로 미술관, 박물관, 기념관과 같은 문화시설을 유치해 도시 발전을 이끈 사례를 지칭한다.

1970~80년대의 빌바오는 지금과는 전혀 달랐다. 한때는 철강과 조선업으로 번성했지만, 산업 쇠퇴와 함께 도시는 활기를 잃었다. 사람들은 떠났고, 빈집은 방치되었다. 녹슨 고철더미가 산처럼 쌓여 있었다. 이 난국을 돌파하기 위해 시 당국은 '빌바오리아 2000 Bilbioria 2000'이라는 도시 재개발 기구를 출범시켰다.

여기에 뜻밖의 기회가 찾아왔다. 철강업으로 거부巨富가 된 벤저민 구겐하임 Benjamin Guggenheim, 1865~1912. 그는 타이타닉 침몰 때 목숨을 잃었지

고즈넉한 빌바오 구시가지

만, 막대한 유산을 남겼다. 상속을 받은 딸과 형제들은 그 돈으로 '뉴욕 구겐하임 미술관'을 세웠고, 이 미술관은 세계적인 명소가 되었다. 이후 베네치아와 베를린에도 구겐하임 미술관의 별관이 들어섰고, 유럽 제3의 별관 후보지를 찾고 있던 차였다. 이즈음 빌바오 재개발 기구와 계획이 맞아떨어졌다.

이들은 캐나다 출신 건축가 프랭크 게리Frank Gehry에게 설계를 의뢰했다. 게리는 1989년, 건축계의 노벨상이라 불리는 프리츠커 상Pritzker Architecture Prize을 수상한 세계적 건축가였다. 그의 작품은 언제나 파격적인 곡선과 실험적 재료 사용으로 유명했다. 빌바오에 들어설 건물 역시 단순한 미술관이 아니라 도시의 얼굴을 바꾸는 상징물이 되어야 했다.

구겐하임 빌바오, 강변에 선 미래의 미술관

시 당국의 판단은 옳았다. 설계와 시공에는 많은 시간과 예산이 들었지만, 그 결과는 놀라웠다. 1997년, 네르비온 강변^{Rio Nervion}에 거대한 구겐하임 빌바오 미술관^{Museo Guggenheim Bilbao}이 탄생하면서 도시는 완전히 새 얼굴을 갖게 되었다. 사람들은 이렇게 말했다.

"많은 사람들이 빌바오에 와서 구겐하임 미술관을 들르는 것이 아니다. 구겐하임 미술관을 보기 위해 빌바오에 온다."

내 느낌도 여타 미술관과는 전혀 달랐다. 고풍스럽고 과거 지향적이던 기존 미술관의 개념을 완전히 뒤집어놓았다. 초현대적이고 미래지향적인 건물, 그 자체가 하나의 거대한 예술품이었다. 엄청난 규모 앞에서 입이 절로 벌어졌다.

특히 인상적인 것은, 과거 산업 폐기물이 쌓여 있던 바로 그 자리에 미술관을 세웠다는 점이다. 햇살을 받은 외관은 수천 마리의 은빛 물고기가 강 속에서 약동하는 듯한 느낌을 준다. 이는 어린 시절 냇가에서 물고기를 보며 영감을 얻었다는 프랭크 게리의 기억에서 비롯된 것이다. 외벽을 덮은 비늘 같은 재료는 최첨단 티타늄 패널. 무수한 조각을 이어붙이는 데 사용된 강철못만 26만 4천 개에 달한다. 그 틈새는 아스팔트 원료인 역청으로 메웠다. 철골 표면에는 특수 광물섬유를 덧입혀 장시간 화재에도 무너지지 않도록 했다.

구겐하임 빌바오 미술관
미술관의 상징, 거대한 거미 조각 '마망'

초대형 철판 설치 작품. 과거 '철의 도시'를 상징한다.

자연 친화적 설계와 최첨단 건축술이 만난 이 미술관은 그 자체로 하나의 설치미술 작품이다. 건물 앞에는 거대한 거미 조각 '마망Maman'이 모성을 상징하며 강렬한 인상을 남긴다. 징그럽다고 느껴지기도 하지만, 압도적인 존재감은 누구도 부정하기 어렵다.

실내로 들어서면 다시 한 번 놀란다. 내부 아트리움은 높이가 무려 45m에 달하고, 유리천장을 통해 쏟아지는 자연광이 웅장함을 더한다.

전시품 또한 파격적이다. 그중 압권은 두께 30cm 철판을 미로처럼 이어놓은 작품이다. 조금 과장하면, 배 한 척을 만들 수 있는 철강의 양이다. 아마 세계 어떤 미술관에도 이처럼 무거운 작품은 없을 것이다. 이는 과거 이 지역의 화려했던 철강 산업을 기념하는 상징이기도 하다.

구겐하임 빌바오를 보며 문득 일본 시코쿠 인근의 나오시마直島가 떠올랐다. '모방의 천재'라 불리는 일본인들이 빌바오의 성공 사례를 벤치마킹했다는 말은 상당히 설득력이 있다. 나오시마는 한때 '바다 쓰레기 처리장'이라 불릴 정도로 환경오염에 시달리던 작은 어촌이었다. 그러나 베네세 그룹과 건축가 안도 타다오^{安藤忠雄}가 손잡으면서 '자연과 빛'을 주제로 예술의 섬으로 변신했다. 안도 역시 프리츠커 상을 수상했기 때문일까. 죽어가던 섬이 특별한 건축으로 다시 살아났다. 이제 나오시마는 '빌바오 효과'를 보여주는 대표적 사례로 꼽힌다.

우리나라에도 안도의 작품이 많다. 그는 건축물의 목적과 재료, 공간, 주변 환경의 관계를 중시하며 미술관·박물관·문학관 등 다양한 문화시설을 설계했다. 물과 빛, 하늘 같은 자연 요소를 건축 속으로 끌어들인 선구자였다. '빌바오의 설계자' 프랭크 게리와 통하는 점이 많다.

빌바오와 나오시마를 단순 비교하는 것은 적절하지 않다. 그러나 시공^{時空}을 넘어 건축가의 기본 개념과 완성된 건축물이 공간에 어떤 의미를 부여하는지 음미해볼 가치는 충분하다.

산탄데르, 북부의 휴양 도시

대서양 해안선을 따라 크고 작은 도시들이 줄지어 있다. 그중에서도 산탄데르^{Santander}는 인구 15만 명 규모의 칸타브리아 주도이다. 로마인들이 '포르투스 빅토리에^{Portus Victoriae}(승리의 항구)'라 이름 붙여 건설한 도시로, 지금까지 긴 역사를 이어왔다. 현재 '칸타브리아'라는 명칭도 불과 1982년에야 정착된 것으로, 그 전까지는 이 지역 전체가 '산탄데르'라 불릴 정도였다. 그만큼 도시의 위상은 남달랐다.

산탄데르는 수려한 자연경관, 특히 해변의 아름다움으로 이름 높다. 그래서 북부 스페인에서 여름 휴양지로 으뜸으로 꼽힌다.

↑ 산탄데르 해안 자전거 전용도로 ↓ 산탄데르의 막달레나 궁전

해변을 따라 조성된 자전거 도로는 도시를 둘러보기에도 안성맞춤이었다. 도로 끝을 따라가니 막달레나 반도Peninsula de la Magdalena가 나오고, 그 끝자락에는 위풍당당한 막달레나 궁전Palacio de la Magdalena이 자리하고 있었다. 입장료가 없는 점은 반가웠다. 그러나 자전거는 출입이 금지되어 있었다. 마침 자전거를 타고 온 일행이 있어 그들과 함께 자전거를 묶어 두고 도보로 들어갔다.

이 궁전은 원래 산탄데르 시가 왕실에 헌납한 건물로, 1930년대까지는 왕족들의 여름 별장으로 사용되었다. 지금은 세계 각국의 학자들이 모여 학술회의를 열고 논문을 발표하는 국제적인 명소로 활용되고 있다.

나는 이런 곳에 오면 늘 주민이나 여행객들과 대화하기를 즐긴다. 궁전은 수백 년 혹은 그 이상 이곳에 존재하겠지만, 찾아오는 사람은 늘 바뀌기 때문이다. 그래서 낯선 이들과의 대화는 잠시지만 이 공간의 역사를 함께 나누는 소중한 경험이 된다.

하지만 아쉽게도 이날은 계속 '애마의 안위'가 걱정되어 결국 속보, 아니 뛰다시피 경내를 돌며 사진만 몇 장 찍고는 바로 나왔다.

'홀로 자전거 여행'의 어려움을 절감하는 순간이었다.

'세 가지 거짓말'을 하는 마을

아득한 옛날, 이곳에도 사람이 살았었네.

세계적으로 유명한 알타미라 동굴 벽화가 발견된 곳이 바로 칸타브리아 지방이다. 이곳은 대서양과 맞닿아 있고, 내륙에는 울창한 산림이 펼

산티야나 델 마르 구시가지. 옛 공동 샘터의 정겨운 모습.

쳐져 천혜의 자연환경을 자랑한다. 산과 숲, 바다가 절묘한 조화를 이루어 구석기 시대 원시인들에게도 최적의 삶의 터전이 되었으리라 짐작된다.

나는 산티야나 델 마르Santillana del Mar라는 작은 마을에서 하룻밤을 묵었다. 인구 1천 명 남짓의 마을로, 여기에 특별히 유명한 것이 둘 있다.

첫째는 마을 이름이 '세 가지 거짓말'을 하고 있다는 점이다. '산티야나 델 마르'라 불리지만, 사실 이곳은 성스럽지도Santi 않고, 평지도Llana 아니며, 바닷가Mar도 아니다. 그저 내륙 깊숙이 자리한 전형적인 중세풍의 소도시에 불과하다. 그러나 마을 골목을 거닐다 보면 마치 영화 세트장처럼 완벽하게 보존된 중세의 풍경이 눈앞에 펼쳐진다. 정말로 타임머신을 타고 중세로 돌아간 듯한 착각을 불러일으킨다.

프랑스의 철학자이자 소설가 사르트르는 이곳을 방문한 뒤 "스페인에서 가장 아름다운 곳"이라 극찬했다. 그는 헤밍웨이만큼이나 스페인을 사랑했고, 스페인 내전을 배경으로 한 소설 〈벽〉을 남겼다.

둘째는 이곳이 알타미라 박물관Museo de Altamira을 감상할 수 있는 거점 마을이다. 인류사의 첫 장에 빠지지 않고 등장하는 구석기인의 벽화, 그

찬란한 예술품이 바로 이곳에서 발견되었다. 중·고등학교 교과서 속에 실린 동굴 벽화 사진은 얼마나 많은 학생들의 상상력을 자극했던가. 나는 그것이야말로 지구상 최초이자 최고의 예술품이라고 굳게 믿어왔다.

그 벽화를 직접 한번 보기를 오랜 기간 갈망해왔다. 〈플랜더스의 개〉의 소년 넬로가 평생 루벤스의 그림을 직접 보기를 간절히 소망했듯이. 넬로는 눈 속에서 비극적인 죽음을 맞이했지만, 나는 지금 자전거를 타고 불과 20분이면 닿을 수 있는 거리에 있다.

어느 아마추어 고고학자의 집념

부푼 가슴을 진정시키고 알타미라 동굴 박물관에 들어섰다.

그러나 곧 실망이 밀려왔다. 실물은 볼 수 없다는 관계자의 말 때문이었다. 야속하지만 어쩔 수 없는 일.

습기와 관람객들이 내뿜는 이산화탄소로 벽화가 훼손될 우려가 있어 1977년부터 일반 공개를 중단했다. 대신 박물관 안에 실제 동굴과 거의 똑같이 재현한 '모조 동굴'을 만들어두었다. 일종의 아파트 '모델하우스'와 같은 셈이다. 스페인어로는 '네오 쿠에바Neo Cueva'라 부르며, 박물

알타미라 박물관

알타미라 벽화, 〈소〉

관 관계자는 "모든 것이 같다"고 강조했다.

　1878년 프랑스 파리 만국박람회장.

　프랑스 관 한쪽에 자리한 석기시대 유물관에서 한 신사가 유물들을 유심히 살펴보고 있었다. 그는 산탄데르 출신 변호사이자 아마추어 고고학자인 마르셀리노 데 사우투올라Marcellino de Sautuola였다.

　사우투올라는 전시된 마제석기磨製石器나 뼛조각에 큰 흥미를 보였고, 발굴자인 프랑스 고고학자에게 여러 질문을 던졌다. 그러자 학자는 격려하듯 이렇게 말했다.

이 말은 사우투올라의 기억을 불현듯 깨웠다. 그의 집 근처에 '알타미라'라는 동굴이 있다는 사실을 떠올린 것이다. 이듬해인 1879년 11월, 그는 어린 딸 마리아와 함께 그 동굴을 찾았다. 램프 불빛을 비추며 열심히 살펴보던 중 소녀가 갑자기 외쳤다.

"아빠! 소!"

램프 불빛에 비친 천장에는 소녀가 평소에 그리던 것과 똑같은, 아니 그보다 훨씬 생생한 소 그림이 있었다. 아버지가 불빛을 들어 올리자, 들소를 비롯해 수많은 동물 그림이 드러났다.

"드디어 찾았다!"

사우투올라는 환호했다.

어둠 속에서 드러난 그림은 방금 그린 듯 색채가 선명했고, 마치 살아 움직이는 듯 리얼했다. 검정·빨강·갈색으로 그려진 매머드, 들소, 사슴, 멧돼지 등은 생생한 묘사와 놀라운 입체감으로 수준 높은 예술 작품이었다.

그렇다면 인류 최초의 미술작품, 알타미라 동굴 벽화의 발견자는 누구일까. 아버지일까, 아니면 어린 딸일까. 박물관 측은 '공동 발견자'로 기록하며 부녀의 사진을 나란히 걸었다.

불행했던 최초 발견자

최초 발견자 부녀, 사우투올라와 딸 마리아

사우투올라는 알타미라 동굴 벽화 발견 사실을 직접 스케치해 책으로 엮었다. 이듬해 리스본에서 열린 고고학회에 보고하자 큰 반향을 일으켰다. 그러나 많은 고고학자들이 현장을 직접 확인한 뒤 곧바로 진위 논란에 휩싸였다.

그림은 너무나 선명했고, 예술적 완성도 또한 놀라웠다. 당시로서는 구석기 시대 사람들이 이런 수준의 예술을 남겼으리라 믿기 어려웠다. 결국 사우투올라는 "명예욕에 눈이 멀어 몰래 그림을 그려놓고 거짓말을 했다"는 모함을 받았다. 급기야 사기꾼으로 몰려 법정에 서야 했다.

논란이 이어지는 동안 그는 병석에 눕게 되었다. 귀족 출신의 변호사이자 아마추어 고고학자, 잘나가던 그의 인생은 '벽화 발견' 때문에 무너져내렸다.

20세기에 들어서야 반전이 찾아왔다. 프랑스의 저명한 고고학자 앙리 브뢰이유Henri E. Breuil가 프랑스 남부 동굴에서 석기시대의 동물 그림을 발견한 것이다. 그는 알타미라 벽화에 대해 이렇게 평했다.

현대 과학으로 밝힌 알타미라 벽화의 연대는 약 1만 5천 년 전.

당시 구석기인들의 회화 능력과 사용 도구, 안료는 상상 이상이었다. 1977년 마르티^{J. Marti} 박사는 알타미라 동굴 천장에서 안료를 채취해 X선으로 분석했다. 그 결과 망간 산화물, 식물성 목탄, 갈철광이 확인되었다. 재료는 일대에서 흔히 채취할 수 있는 적토에서 얻어진 것이었다.

그러나 진실이 밝혀졌을 때 사우투올라는 이 세상 사람이 아니었다. 억울한 누명을 뒤집어쓴 채, 치욕과 극심한 스트레스 속에서 세상을 떠났다. 억울해서 제대로 눈이나 감았을까.

1902년, 고고학회는 공식적으로 실수를 인정했다. 그리고 고인의 업적에 미안함과 존경을 표했다. 죽어서야 명예가 회복된 것이다.

발견 이후 진실이 밝혀지기까지 20년, 그에게는 끝없는 인고의 시간이었다. 그러나 벽화가 동굴 안에서 '잠자던 시간'에 비하면 찰나에 지나지 않는다.

명예도 치욕도 결국 한순간. 인간의 삶이 덧없다.

불후의 대작 〈소〉 앞에서 터진 웃음

오매불망 바라던 벽화 앞에서 나는 비시시 혼자 웃고 말았다.

과거 어느 스님의 말이 떠올랐기 때문이었다. 진지한 표정으로 감상하던 외국인들이 나를 힐끔힐끔 쳐다보았다.

중광重光. 벌써 타계했지만, 방랑과 기행으로 거침없이 살다 간 스님이었다. 그는 괴짜였고, 스스로를 '걸레 스님'이라 불렀다. 오염된 세상을 마음의 걸레로 닦아내겠다는 뜻이었다. 파격적인 행보와 계율에 얽매이지 않는 기행 때문에 1979년 승적마저 박탈당했다.

그러나 기죽지 않았다. 오히려 '가면'을 벗어던진 그는 더욱 활발히 활동했다. 영국 왕립 아시아학회에 참석해 〈나는 걸레〉라는 자작시를 낭송했다. 한때는 '한국의 피카소'라는 별명을 얻기도 했다. 그의 그림은 미국 뉴욕의 록펠러재단, 샌프란시스코 동양박물관, 대영박물관 등 세계 여러 기관에 소장되어 있다.

정규 미술 교육은 언감생심, 초등학교조차 제대로 다니지 못한 그였지만, 선화禪畵의 영역에서 독보적인 세계를 구축했다. 파격적인 필치와 자유로운 정신으로 한국보다 외국에서 더 높은 평가를 받았다.

내가 알타미라 벽화 앞에서 생뚱맞게 중광을 떠올린 이유는 그의 한마디 때문이다. 어느 라디오 대담 프로그램에서 진행자가 물었다.

"스님은 미술대학도 안 나오셨는데 그림으로 더 유명해지셨습니다. 그 비결이 뭔가요?"

스님의 평소 기행을 비꼬는 듯한 질문이었다.

중광은 잠시 침묵하더니 점잖게 받아쳤다.

"알타미라 동굴에 소를 그린 사람이 미술대학 나왔다는 소리 들어보셨소?"

'신이 내린 건축가'와 오비에도

헬퍼스 하이(Helper's High)

알타미라 박물관을 나오자 행복감이 밀려왔다.

50년 묵은 버킷 리스트의 또 한 페이지를 넘겨 속이 후련했다.

'발걸음도 가볍게' 아니, 페달링마저도 가볍게 한 시간 남짓 달리니 자그마한 어항漁港이 나타났다. 칸타브리아 지방 여행 중 가장 인상 깊었던 해변 마을, 상 빈센테 데 라 바르케라San Vicente de la Barquera였다.

'꼭 다시 오고 싶다. 한 달쯤 머물며 여행기를 써도 좋겠다'는 생각이 절로 드는 곳. 호반의 벤치에 앉아 쉬고 있는데, 한 아리따운 '아가씨 라이더'가 다가와 말을 걸어왔다.

"제 자전거가 문제가 있는데 혹시 고쳐주실 수 있나요? 구글 앱을 아무리 뒤져도 모르겠어요. 저는 프랑스에서 온 까밀Camille Toutloff, 자전거 순례자예요."

북부 산길. 올라온 길이 아득하구나.

내 행장行裝을 보더니 꽤 경력 있는 라이더라 생각한 모양이었다.

"아, 그래요. 내가 할 수 있다면 고쳐드리죠."

그녀의 자전거는 '셜리' 브랜드로 투어 전용이었다. 살펴보니 뒷브레이크 슈가 심하게 닳아 제동력은 물론 림마저 손상될 지경이었다.

"비가 많은 지역에선 브레이크 슈를 자주 점검해야 해요. 이렇게 될 때까지 몰랐나요?"

"잡음이 들리긴 했는데… 장거리 여행은 처음이라서요."

슈만 교체하면 해결될 문제였다. 하지만 내 자전거는 디스크 브레이크여서 예비 슈를 준비하지 않았다. 사정을 설명하자 그녀는 난감한 표정을 지었다.

상 빈센테 마을. 한 폭의 동양화 같다.

"어쩌죠? 근처엔 자전거 숍도 없을 텐데…."

혹시나 싶어 공구함을 열었다. 이게 웬일! 작은 펑크 패치 통 속에 기적처럼 한 조가 들어 있었다. 사실 없을 거라 생각했지만 성의라도 보일 요량으로 공구함을 열었던 것인데…. 나는 슈를 건네며 말했다.

"운이 좋네요. 하지만 직접 해보세요. 다음번엔 혼자 해결해야 할지도 모르니까요."

그녀는 내 지도를 받으며 슈를 교체했고, 작업이 끝난 뒤 환한 얼굴로 연신 "메르시 보끄!"를 외쳤다. 그러고는 당당하게 물었다.

"부품값은 얼마 드리면 될까요?"

나는 당황했다. 상상조차 못 한 말이었기 때문이다. 웃으며 답했다.

솔로 바이커 까밀 양. 그녀의 도전 정신에 찬사를 보낸다.

"No Problem at all! 제가 해드린 건 작은 일이에요. 언젠가 길에서 곤란한 사람을 만나면 그때 친절을 베풀어주세요."

그녀는 빙긋 웃으며 말했다.

"아름다운 상 빈센테와 함께 당신의 친절을 기억할게요."

나도 응답했다.

"행운을 빕니다! 부엔 까미노Buen Camino(순례길에 신의 가호가 있기를)!"

나는 지금까지 여행을 하며 많은 사람에게서 도움을 받았다.

다시 말해 마음의 빚이 많다. 그 빚은 그 사람에게 갚는 게 아니라, 도움을 필요로 하는 다른 사람에게 베푼다.

내가 여행을 다니면서 느끼는 기쁨에는 여러 가지가 있다. 버킷 리스트 답사, 절승의 풍경, 맛난 음식, 쾌주快走… 그러나 사람에게서 얻는 감동만 한 것은 없다. 그 순간마다 느끼는 것이 바로 '헬퍼스 하이Helper's

High', 남을 이롭게 하면서 자신도 행복에 이르는 경지다.

베풂의 선순환이 꼬리에 꼬리를 물고 퍼져나가면 세상은 지금보다 훨씬 더 살 만하지 않을까 생각해 본다.

코미야스로 향하는 길

엘 카프리초 데 가우디

코미야스Comillas는 인구 2천 명 남짓의 작은 마을이다. 규모로는 산티야나 델 마르와 비슷하지만, 가우디의 작품이 있다는 사실 하나만으로 특별한 장소가 되었다. 이런 벽촌에서 대가의 작품을 만날 수 있다니!

안토니오 가우디Antonio Gaudi, 1852~1926는 스페인이 자랑하는 건축계의 거장이다. 내가 먼저 찾은 곳은 그의 작품 가운데 하나인 '엘 카프리초 데 가우디El Capricho de Gaudi'였다. '카프리초'의 의미는 '뛰어난 영감'이다.

마을 중앙광장 호아킨 델 피에르Joaquin del Piel를 지나 왼쪽으로 조금 가면 입간판이 보이고, 화살표를 따라가다 보면 독특한 건물이 시선을 끈다. 건물은 해변에서 조금 떨어진 언덕 위에 자리 잡고 있었다.

입장료 5유로를 내고 들어서자 눈앞에 기묘한 건물이 불쑥 나타났다. 한눈에 '이건 가우디 작품이다'라고 직감할 만큼 독창적인 외관이었다. 초록 바탕에 요철을 살린 노란 해바라기 타일이 유난히 눈에 띄었다. 붉은 벽돌 탑은 이슬람의 영향을 받은 무데하르Mudejar 양식이다. 동화 속 요

코미야스의 엘 카프리초 데 가우디

정의 집을 연상시키는 신비로움, 아랍 문화의 흔적까지 더해져 묘한 매력을 풍겼다.

바르셀로나는 흔히 '가우디의 도시'라 불릴 만큼 그의 작품이 많다. 그런데 이곳 코미야스는 바르셀로나에서 무려 800km나 떨어진 시골 마을이다. 가우디는 왜 이 먼 곳에 작품을 남겼을까?

그 배경에는 후원자의 인연이 있었다. 건축 의뢰자는 코미야스 출신의 안토니오. 그는 가우디의 평생 후원자 중 한 명인 구엘Palau Guell의 장인이었다. 대도시에서 자수성가해 부를 쌓았지만, 고향에 별장을 짓고 싶은 마음이 간절했다. 이를 알게 된 사위 구엘이 가우디를 추천했고, 결국 설계가 성사되었다.

1883년, 당시 가우디는 서른한 살. '엘 카프리초'는 그의 초기작 가운데서도 중요한 위치를 차지한다. 건축학도라면 반드시 짚고 넘어가야 할, 이른바 '모멘텀' 작품이다.

청빈했던 그의 삶

가우디는 가난한 대장장이의 아들로 태어났다.

다섯 살 무렵부터 선천성 관절염을 앓아 고통 속에 살았다. 친구들과 잘 어울리지 못했고, 학교도 자주 결석해 성적도 좋지 않았다. 그러나 역경 속에서도 그는 바르셀로나 대학 이공학부를 마쳤다. 두각을 나타내기 시작한 것은 건축 전문학교 시절부터였다.

대담하고 혁신적인 설계로 그는 늘 논란의 중심에 섰다. 사람들은 그를 두고 '천재 아니면 미치광이'라고 불렀다.

이 무렵, 부유한 은행가이자 건축에 조예가 깊었던 구엘은 그의 천재성을 간파하고 기꺼이 후원자가 되어주었다. 덕분에 가우디는 돈 걱정을 잊고 설계에 전념하여 수많은 명작을 남겼다. 바르셀로나의 아이콘으로 자리 잡은 사그라다 파밀리아Sagrada Familia(성 가족 대성당)를 비롯해 6층 아파트 '카사 밀라', 기묘한 창문으로 유명한 '카사 바트요', 후원자를 기념하기 위한 '구엘 공원'이 모두 이 시기에 탄생했다.

젊은 시절의 가우디

그는 평생 독신이었다.

그의 삶은 청빈 속에서 신앙과 건축설계가 전부였다. 생의 마지막은 불행했다. 1926년 6월 7일, 성당에서 미사를 마치고 귀가하던 가우디는 노면 전차에 치였다. 행색이 초라했던 탓에 전차 기사는 걸인으로 오해해 길 옆에 내팽개치고 떠나버렸다. 지나던 행인이 병원으로 옮기려 택시를 잡았으나 거절당했고, 가까스로 잡은 택시로 몇몇 병원을 전전했지만 진료를 거부당했다. 운 좋게도 한 빈민 병원에서야 치료받을 수 있었다.

의식을 되찾은 가우디가 이름을 말하자 병원 관계자들은 놀라 그의 친척과 지인들에게 급히 알렸다. 그들은 즉시 더 나은 병원으로 옮기자고 권했지만, 가우디는 고개를 저으며 이렇게 말했다.

"옷차림만 보고 사람을 판단하는 이들에게 가우디가 이런 곳에서 죽는다는 사실을 보여주게 하라. 난 가난한 사람들 곁에서 죽겠다."

결국 3일 후 빈민 병원에서 숨을 거두었다. 향년 74세.

당시로는 오래 산 편이었지만, 그래도 애통한 죽음이었다. 1926년 6월 13일, 많은 시민들의 애도 속에 성 가족 성당에서 장례식이 치러졌다. 유해도 성당 지하 묘지에 안장되었다. 그가 남긴 재산이라고는 손때 묻은 성서, 연필 몇 자루, 설계 도면과 제도판, 그리고 낡은 침대뿐이었다.

'신이 내린 건축가', 성인(聖人) 반열에!

가우디의 설계는 주님을 찬양하는 찬송과도 같았다.

그는 사람들에게 하느님을 알리고, 그분께 더 가까이 다가가게 하는 것을 자신의 사명으로 여겼다. 그는 현대 종교 건축의 새 지평을 열었다.

1882년 착공된 사그라다 파밀리아 대성당은 신고딕 양식에 당시 유럽에서 유행하던 아르누보 양식을 결합한 파격적인 설계였다. 착공 당시부터 가우디는 "하느님은 서두르지 않으신다"며 완공까지 오랜 시간이 걸릴 것임을 예감했다. 실제로 140년이 지난 지금도 여전히 '공사 중'이다.

2010년, 교황 베네딕토 16세는 미완성인 이 성당을 축성^{祝聖}하며 '마이너 바실리카^{Minor Basilica}(준대성전)'로 승격시켰다. 그는 이렇게 말했다.

"창의적 건축가였던 가우디는 생의 마지막까지 신앙의 횃불을 밝혔던 실천적인 기독교인이었다. 그는 자신의 정신을 하느님께 바치고, 바르셀로나에 아름다움과 신앙, 희망의 공간을 창조했다. 인간은 그곳에서 진리이자 아름다움 그 자체이신 주님을 만날 수 있었다."

최근 바티칸 교황청은 가우디를 '가경자^{可敬者, Venerable}'로 선포했다.

이는 성인의 반열에 오르기 위한 두 번째 단계다. 첫 번째는 '하느님의 종^{The Servant of God}'이고, 세 번째 단계는 기적 심사를 거쳐 '복자^{福者, Beatified}'가 된다. 마지막 네 번째 단계에서 비로소 '성인^{Saint}'으로 추대된다.

구엘 공원. 후원자 구엘의 요청으로 설계한 동화 같은 공원이다.

1988년 성 가족 성당을 찾았을 때도 성당은 한창 공사 중이었다. 이번 여행에서도 역시 타워 크레인이 성당 위에서 움직이고 있었다. 가우디가 아직도 그곳에 살아 현장을 지켜보며 이렇게 말하는 듯했다.

'나는 공사가 끝나는 그날까지 영면永眠에 들지 못할 것이다.'

자전거로 오른 가장 높은 곳

스페인에서 '우직하고 끈질긴 기질'을 지닌 이들은 단연 아스투리아스인이다. 그들은 아랍 정복자에 맞서 국토 수복을 이끌었던 북부의 주역들

사그라다 파밀리아 성당. 가우디의 역작으로 스페인의 대표적 로마 가톨릭 성당이다. 그는 이곳 지하에 잠들
어 있다.

이었다.

722년, 아스투리아스의 왕 팔라요^{Pelayo}는 산투아리오 데 코바동가^{Santuario de Covadonga} 전투에서 아랍군을 격퇴했다. 이 승리로 지브롤터를 넘어온 아랍군의 북상 계획은 좌절되었고, 유럽 진출도 가로막혔다. 아스투리아스인들은 지금까지도 이 역사를 자부심으로 여긴다.

험준한 지세가 이런 강인한 성품을 길러냈다.

아스투리아스 지방은 이전에 지나온 바스크나 칸타브리아보다 훨씬 더 거칠고 높다. 2,500m 이상의 준봉들이 즐비하다. 유럽 최고봉 중 하나인 피코스 데 에우로파^{Picos de Europa}도 이곳에 있다. 오르막은 짧게는 10km, 길게는 20~30km에 달했다. 게다가 북위가 높아 강풍이 불어 자전거 여행의 보이지 않는 적이 되곤 했다.

이곳을 달리는 것은 곧 '언덕과 바람과의 싸움'이었다.

힘들 때마다 떠오른 것이 있었다. 강연장에서 자주 받던 질문이다.

"지금까지 자전거로 가본 곳 중 어디가 가장 인상에 남습니까?"

항상 대답하기 곤란했다. 세계 곳곳은 각기 다른 풍광과 역사, 문화의 향기를 품고 있기에 몇 군데를 꼽기가 쉽지 않았다. 그러나 지금까지도 생생하게 기억 속에 남아 있는 두 곳이 있다.

첫 번째는 자전거로 오른 가장 높은 곳, 세계 최대 휴화산 할레아칼라^{Haleakalā}다. 해발 3,055m, 미국 하와이제도 마우이^{Maui} 섬에 있는 산이다. 오르막 구간만 60km에 달하지만 경사도는 완만한 편이다. 무엇보다 내리막이 압권이다. 페달을 한 번도 돌리지 않고 두 시간 가까이 60km를

저 높은 할레아칼라 정상을 향해

내려가는 세계 최장 다운힐 코스로 유명하다. 힘든 오르막은 사고가 드물지만, '황홀한 내리막'에서 종종 치명적인 사고가 발생한다. 그래도 자전거 마니아라면 평생에 한 번은 달려보고 싶은 성지聖地 같은 곳이다.

두 번째는 백두산이다. 해발 2,700m 이상, 산소가 희박하여 힘들기는 할레아칼라와 마찬가지. 그러나 의미는 전혀 다르다. 백두산은 설명이 필요 없는 우리 민족의 영산靈山이기에.

자전거로 오른 가장 잊지 못할 곳

나는 1990년부터 MTB(산악자전거)를 타기 시작했다.

'산에서 자전거를 타는 사람'을 이상하게 보던 시절이었다. 그즈음 백두대간의 시원始原에 오르면 이 세상 어디라도 두 바퀴가 잘 굴러다닐 것만 같은 생각이 들었다. 산악 라이딩을 즐기던 동호인들과 "국내 산은 웬만큼 다녀봤으니 시야를 넓혀보자!"고 의기투합하던 중 자연스레 백두산이 목표로 떠올랐다.

물론 중국 영토 백두산이다.

그들은 '창바이산長白山'이라 부른다. 눈이 많아 1년 중 6월에서 8월까지만 오를 수 있으니 여름 휴가 기간이 적기였다.

1995년 여름, 나를 포함한 10명의 동호인들이 중국 연길 공항에 도착했다. 자동차로 용정과 송강을 거쳐 얼따오바이허二道白河라는 산촌에서 1박을 했다. 이튿날 새벽, 천지를 향해 비장한 각오로 자전거에 올랐다. 여행 가이드는 우리를 가리켜 '한국 민간인 최초 자전거 백두산 등정단'이라고 했다.

구불구불 한없이 이어지는 언덕길.

"이게 마지막인가?" 싶으면 또 나타나고, 또 나타나고…. 한 굽이 돌 때마다 심장이 터질 듯 1분 1초가 고통이었다. 입에서 단내가 나고, 온몸의 진액이 땀과 함께 빠져나가는 느낌이었다. 고도가 높아질수록 경사는 가팔라지고, 바람 저항은 더욱 강해지는데 체력은 떨어지고….

가끔 관광버스가 옆을 스쳐갈 때면 속으로 '이 고생을 왜 하고 있나,

차 타고 오를걸…' 하는 생각이 간절했다. 그러나 누구도 대신할 수 없는 길이었다. 오직 내 두 다리로 페달을 돌리는 수밖에 없었다. 1초라도 빨리 이 고통에서 벗어나고 싶었지만, 산소 부족으로 페달을 아주 천천히 돌려야만 했다.

해발 2,000m, 수림 한계선을 넘어섰다.

자전거로 백두산 천지에 오르다!

저 멀리 장백폭포가 물줄기를 힘차게 쏟아내고 있었다. 한겨울에도 얼지 않는다는 장백폭포, 물소리가 숨이 헐떡거리는 내 귀에까지 들려왔다.

출발한 지 7시간쯤 지났을까. 젖 먹던 힘까지 끌어내 마지막 피치를 올렸다. 마침내 해발 2,670m 천문봉에 두 바퀴 궤적을 남겼다.

하늘도 돕듯 날씨는 맑았다. 천지天池의 푸른빛은 코발트색 물감을 풀어놓은 듯 가슴속까지 시려왔다. 다리는 후들거려 서 있기도 힘들었지만, 정신만큼은 서릿발처럼 명료했다.

"왔노라! 보았노라!"

전율이 온몸을 휘감았다. 감동의 진저리가 뼛속 깊이 파고들었다.

일행은 약속이나 한 듯 옷깃을 여미고 통한의 애국가를 불렀다.

1절이 채 끝나기도 전에 어디선가 중국 공안公安(경찰)이 날렵하게 다가와 고압적인 태도로 말했다.

먼저 다녀간 많은 한국인들도 그렇게 했던 모양이었다. 북·중 접경의 예민한 상황에서 저항할 수는 없었다. 애써 노래를 멈추었지만, 마음속에서는 끝까지 힘차게 애국가를 불렀다.

나는 다짐했다. 언젠가 통일의 날이 오면, 광화문 광장을 출발해 평양을 지나 혜산을 거쳐 삼지연에서 1박 하고 한국 땅 백두산을 한 번 더 오르리라. 그날의 꿈을 벅찬 가슴으로 새겼다.

예술의 도시 오비에도와 거장 우디 앨런

인구 20만 정도의 오비에도Oviedo는 아스투리아스의 주도이다.

비록 규모는 작지만, 옛 아스투리아스 왕국의 흔적과 고유의 매력을 고스란히 간직한 도시다. 17세기 초 이미 대학을 설립할 정도로 학문적 전통도 깊다.

이곳에서 가장 먼저 눈에 띄는 건 1388년부터 건축이 시작된 '구세주 성당Catedral de San Salvador'이다. 프레 로마네스크 양식에 고딕과 바로크가 어우러진 독특한 건축물로, 아스투리아스만의 개성을 엿볼 수 있다.

우선 도심으로 나가보았다.

중앙에 시원스레 넓은 공원이 있어 쉬어가기 좋았다. 인근에는 현대식 상가가 줄지어 있어 구경거리도 많았다. 대성당 앞 알폰소 2세 광장과 인근의 포를리에르 광장Plaza de Porlier을 따라 걷다 보면 거리 곳곳에 서 있는 다양한 현대 조각상들이 시선을 끈다.

⬆ 예술의 도시 오비에도 ⬇ 오비에도 중심가

과거 동유럽 여행에서 만났던 수많은 조각상들과는 사뭇 달랐다. 헝가리, 체코, 슬로바키아, 발트 3국 등 러시아 지배의 흔적이 짙은 나라들에서는 동상이 곧 우상숭배와 독재 권력의 잔재처럼 느껴졌다. 그러나 오비에도의 조각들은 예술적 상상력과 유머로 채워져 있었다.

특히 내 눈에 확 들어오는 익숙한 상이 서 있었다.

작은 키, 유대인 랍비 같은 인상, 굵고 검은 뿔테 안경. 바로 미국의 거장 영화감독 우디 앨런^{Woody Allen}이었다.

그는 수많은 영화를 만들어낸 할리우드의 거장이다. 부인도 미아 패로^{Mia Farrow}라는 유명 배우다. 알고 보니 그가 감독한 영화 〈내 남자의 아내도 좋아(Vicky Cristina Barcelona)〉의 주요 촬영지가 바로 이곳 오비에도였다. 영화를 통해 도시를 사랑하게 된 우디 앨런에게, 오비에도 시민들은 화답이라도 하듯 시내 중심가에 그의 동상을 세웠다.

"Dad or Mom?"

내가 유독 우디 앨런을 정확히 기억하는 이유가 있다. 바로 '딸과 결혼한 남자'라는 충격적인 사건 때문이다.

순이는 미아 패로가 두 번째 남편(첫째는 프랭크 시나트라)인 세계적인 지휘자 안드레 프레빈과 함께 살던 시절 한국에서 입양한 아이였다. 순이의 입장에서 보면, 어릴 적부터 '아빠'라고 따르던 사람이 남편이 되고, 엄마는 하루아침에 '형님'이 되어버린 셈이다. 납득하기 어려운 '괴이한 일'이 미국에서 벌어졌다.

오비에도 중심 거리에 있는 우디 앨런 동상

이들 사이에 도대체 무슨 일이 있었을까.

어느 날 미아 패로는 남편의 소지품 속에서 딸 순이의 누드 사진을 발견했다. 당시 순이의 나이는 스무 살이었다. 충격을 받은 미아 패로는 남편과 크게 다투었다. 딸에게도 다그쳤다. 순이는 사과했지만, 미아의 분노는 가라앉지 않았다. 그녀는 결국 이 사실을 언론에 폭로했고, 파경은 불가피했다. 곧이어 재산 분할과 양육권 소송이 이어졌다.

법정 공방 속에서 미아 패로는 순이를 불러 물었다.

"아빠냐, 엄마냐? 둘 중 하나를 택해라."

그녀는 딸이 당연히 자신을 선택할 줄 알았다. 그러나 순이는 아빠 우디 앨런을 택했다. 훗날 드러난 이야기지만, 어린 시절 미아가 순이를 여러 차례 학대했다. 도자기를 던지고, 전화기를 던진 일도 있었다. 가해자는 잊었지만 피해자는 잊지 못하는 법. 순이의 마음속에는 양어머니에 대한 분노와 상처가 뿌리 깊게 자리 잡고 있었다.

결국 우디 앨런은 미아와의 법적 다툼을 끝내고, 무려 35살 연하의 순이를 신부로 맞았다. 결혼식은 언론의 집중 조명을 받으며 치러졌다. 생물학적 딸은 아니었으나 법적으로는 분명 자식이었다. 나이 차 역시 너무 컸다. 당연히 미국 사회에서도 스캔들이 되었고, 우리나라에서도 큰 화제가 되었다. 이 사건은 동시에 우리의 '고아 수출 대국'이라는 부끄러운 논쟁에 불을 지폈다.

이제 순이도 어느덧 중년이다.

우디 앨런과의 사이에 자식이 없어 두 아이를 '또 입양'해 키우고 있다고 한다. 한국계로서 세계적 거장과 나이 차를 극복하고 결혼해 지금까지 함께 살고 있다니 축하해줄 만하지만, 어딘가 석연찮은 마음은 떨쳐버릴 수 없다.

시드라 퍼포먼스

오비에도는 사이다의 원조격인 전통 사과술, 시드라^{sidra}로 유명하다.

컵에 따르는 방법이 특이해 이 지역 재밌거리 중 하나다. 시드라를 맥주나 막걸리 따르듯 하면 '법규 위반(?)'이다. 법규란 시드라 병을 머리보다 높게 올리고, 컵은 낮게 잡아 따르는 방법을 말한다. 무려 150cm에

시드라 퍼포먼스 – 사과주 따르기 시범

달하는 낙차에서 술줄기가 폭포처럼 떨어지는데, 숙련된 사람은 단 한 방
울도 흘리지 않고 정확히 컵 속에 담아낸다. 그러나 관광객이 시도하면
대부분 바닥이 흥건해진다.

시드라의 역사는 8세기까지 거슬러 올라간다.

아스투리아스에는 유독 품질 좋은 사과가 많이 났다. 가을에 수확한
사과를 잘게 으깨어 450리터짜리 나무통에 가득 넣고 발효시키면, 겨울
을 난 뒤 약 1리터들이 시드라 600병이 나온다고 한다. 알코올 도수는 약
6도. 강하지 않지만 은근한 취기가 오래간다.

저녁 식사 후, 나는 시드라를 직접 맛보기 위해 '가스코나 거리^{Calle}

de la Gascona'를 찾았다. 이곳은 '시드라 골목'이라 불릴 만큼 시드레리아 sidreria(시드라 전문점)가 밀집해 있었다. 스페인어에서 '~리아ria'는 '~가게'를 뜻한다. 예를 들어 과일 가게는 '프루토리아fruteria'라 부른다.

골목에는 관광객들이 몰려들어 어느 집이든 북적였다. 나는 일부러 한산한 가게를 골라 들어갔다. 나름의 속셈이 있었다.

시드라 한 잔을 주문하자 종업원은 고개를 저었다.

"우린 잔 단위는 없어요. 병으로만 팝니다."

나는 한 병을 다 마실 주량이 못 된다. 다 비웠다간 숙소조차 못 찾을 게 뻔했다. 결국 울며 겨자 먹기로 1리터짜리 한 병과 하몽 한 접시를 시켰다. 그러곤 약간의 돈을 더 쥐어주며 부탁했다.

"따르는 시범 좀 보여주시겠습니까?"

종업원은 왼손으로는 병을 잡아 머리 위로 올리고, 오른손은 컵을 잡고 밑으로 쭉 내렸다. 그리고 병을 기울이니 시드라는 외줄기 폭포처럼 정확히 컵 속으로 떨어졌다. '빨려들어갔다'는 표현이 더 정확할 것 같다.

나는 호기심에 물었다.

"왜 굳이 이렇게 따라야 합니까?"

그는 미소를 지으며 답했다.

"시드라는 공기와 부딪칠수록 향이 살아납니다. 또 잔에 세게 부딪쳐야 풍미가 극대화되지요. 맥주처럼 거품이 살아 있을 때 단숨에 들이켜야 제격입니다."

비 많은 북부에서 일교차 심한 날씨 탓인지 늘 코감기를 달고 다녔다.

여행 기간이 길어져 피로가 쌓인 것도 이유였지만, 부실한 음식도 한몫했을 것이다.

한식을 언제 마지막으로 먹었는지 기억조차 가물가물했다.

이쯤에서 여행 중 즐겨 먹었던 스페인 대표 먹거리 몇 가지를 소개해본다.

파에야 Paella

쌀에 고기, 해산물, 토마토, 사프란을 넣어 만 
든 스페인식 볶음밥으로, 스페인을 대표하는
국민 요리다. 원래는 발렌시아 지방에서 유래
했지만, 지금은 전국 어디서나 다양한 재료와
스타일로 즐길 수 있다. 풍부한 해산물 덕분에
지중해와 대서양 연안에서는 특히 신선한 맛

을 자랑한다. 주문 후 30분 이상 기다려야 하는 전형적인 슬로 푸드로, 기다림조차
여유로운 스페인 식문화의 한 풍경이다.

하몽 Jamon

돼지의 뒷다리를 소금에 절여 오랜 시간 숙성한 스페인의 전통 햄으로, 짭조름하고
깊은 풍미가 일품이다. 얇게 썰어 와인이나 맥주와 함께 즐기며, 샌드위치나 요리에

곁들여도 좋다. 안달루시아 하부고 지방은 '하
몽의 성지'로 불리며, 세라노부터 최고급 이베
리코까지 등급과 맛, 가격 차이가 크다. 숙성실
에 걸린 하몽의 향은 스페인 식문화의 자부심
을 보여준다.

타파스 Tapas

치즈, 올리브, 해산물 튀김 등 한입 크기로 즐기
는 소박한 음식으로, 스페인 사람들의 일상에
깊이 스며든 문화다. 안달루시아에서 시작해
전국으로 퍼졌으며, 바스크 지방에서는 '핀초
스'라 불린다. 바의 테이블마다 접시가 놓여 있
어 친구들과 가볍게 먹고 마시기 좋다. 지역마

다 재료와 방식이 달라 여행 중 맛을 비교하는 재미가 있으며, 이쑤시개 개수를 세
어 계산하는 독특한 방식도 흥미롭다.

가스파초 Gazpacho

토마토, 오이, 파프리카, 마늘을 갈아 만든 차
가운 수프로, 스페인 남부 안달루시아에서 더
위를 식히는 여름 별미로 즐긴다. 빵을 함께
넣고 갈아 걸쭉하게 만들기도 하며, 식초나 올
리브오일을 더해 풍미를 살린다. 상큼하고 시
원해 입맛을 돋우며, 한국인에게도 부담 없이
어울리는 맛이다.

산티아고 순례길,
삶과 믿음이 교차하는 길목

첫 순교자

바스크 주의 빌바오를 시작으로 칸타브리아 주, 아스투리아스 주를 지나왔다. 이제는 북부의 마지막 주, '순례의 주'라 불리는 갈리시아^{Galicia}에 들어섰다. 길고 길었던 스페인 여행도 이제 종착지를 향해 달려간다.

우리 옛말에 "정해놓은 날은 빨리 다가온다"는 말을 절감한다. 영어에도 비슷한 속담이 있다. "All good things must come to an end." 즉, 아무리 좋은 일도 언젠가는 끝이 있다는 뜻이다. 삶이 하루하루 소중한 까닭도 바로 언제 끝날지 알 수 없기 때문이다.

스페인 북부 여행에서 결코 빼놓을 수 없는 길이 있다. 바로 산티아고 순례길^{Camino de Santiago}이다. 곳곳에 노란색 화살표와 조가비 표식이 있어 길을 잃을 염려가 없다. 순례자의 발걸음은 갈리시아에 들어서면서 더 빈번해졌다. 혼자서, 혹은 둘·셋이서, 커다란 배낭을 메고 스틱을 짚은 채

즐겨 이용한 국도 N-547, 순례길이 나타나면 바로 들어갔다.

느릿느릿 걸음을 옮기는 이들이 눈에 띈다. 때로는 자전거로 순례하는 이들도 만난다. 목적지는 모두 같다. 성 야고보의 유해가 안치된 산티아고 데 콤포스텔라 대성당이다.

왜 이런 순례가 스페인에서 시작되었을까?

당시 이슬람 정복 세력에 맞서 이베리아 반도의 가톨릭 교도들은 북부 지방만은 내주지 않으려 분투했다. 순례는 신앙의 행위이자 호국적 결집의 의미가 강했다.

조금 더 거슬러 올라가보자.

스페인에 가톨릭이 본격적으로 전해진 것은 1세기 중엽, 로마인의 침략 시기로 거슬러 올라간다. 예수 승천 후, 제자 야고보는 이베리아 반도로 포교 여행을 떠났다. 당시 이곳은 로마제국의 속주였다.

그러나 AD 44년, 예루살렘으로 돌아온 야고보는 헤롯왕 아그리파 1세에 의해 참수당한다. 예수의 제자 중 최초의 순교자였다.

하늘이 점지한 대성당 터

순교 이후에는 그리스 신화 같은 이야기가 전해 내려온다.

제자들은 스승 야고보의 시신을 수습해 조가비와 함께 석관에 넣었다(순례의 상징인 조가비가 여기서 비롯되었다). 그리고 시신을 배에 실어 스페인 북쪽으로 보냈다. 배는 지중해를 지나 대서양에 이르렀으나 풍랑을 만나 갈리시아 해안에 표착했다. 그 뒤로는 오랫동안 행방이 묘연했다.

그러던 중 9세기 무렵, 하늘에서 밝은 별빛이 벌판 한 곳을 비추었다. 사람들이 그곳으로 가보니 놀랍게도 야고보의 시신이 있었다. 당시 국왕 알폰소는 유해가 발견된 자리에 대성당을 지어 유해를 모셨다.

알브레히트 뒤러의 〈성 야고보의 순교〉(〈헬러 제단화〉 중 왼쪽 패널)

이런 '전설 따라 삼천리' 같은 이야기는 주도^{州都} 산티아고 데 콤포스텔라^{Santiago de Compostela}의 지명과도 맞아떨어진다. '콤포스텔라^{Compostela}'는 라틴어 Campus Stellae, 곧 '별의 들판(별의 땅)'을 뜻한다. 즉, '별이 점지한 곳, 야고보의 시신이 묻혀 있는 땅'이라는 의미인 셈이다.

당시 상황은 가톨릭이 단결하여 아랍 침략자와 치열하게 싸우던 시기였다. 교황 알렉산더 3세는 1189년, 이 도시를 예루살렘, 로마에 이어 가톨릭의 세 번째 성지로 선포했다. 또한 성 야고보의 축일(7월 25일이 일요일과 겹치는 해)에 산티아고 데 콤포스텔라에 도착한 순례자에게는 그동안의 죄를 사면한다고 선언했다.

성인 야고보, 그는 누구인가?

먼저 이름부터 분명히 해야 할 것 같다.

산티아고와 야고보는 사실 같은 인물이다.

영미문학을 공부하는 사람이라면 반드시 알아야 할 세 가지가 있다. 첫째, 성서를 여러 번 읽어야 하고, 둘째, 술의 역사와 종류, 주조 과정을 알아야 하며, 마지막으로 서양 인명과 왕통 계보를 잘 파악해야 한다. 그만큼 서양의 정신문화 속에서 이름과 성경은 깊이 얽혀 있다.

야고보^{Iacobus}는 라틴어이고, 스페인어로는 산티아고^{Santiago}이다. 스페인어에서 남자 성인에는 '산^{San}', 여자 성인에는 '산타^{Santa}'가 붙는다. 야고보가 세월이 흐르며 '티아고^{Tiago}'로 변형되었고, 여기에 '산'이 붙어 '산티아고'가 되었다. 즉, 산티아고와 야고보는 이명동인異名同人이다. 영어권에서는 세인트 제임스^{St. James}, 불어권에서는 생 자끄^{St. Jacques}로 불린다.

야고보는 제베데오의 아들이자 〈신약성서〉의 저자인 요한의 형으로, 갈릴레아 출신의 어부였다. 예수의 열두 제자 중 한 명으로, 베드로와 절친한 친구였다. 그의 어머니 살로메는 성모와 친척이었기에, 따지고 보면 야고보와 예수는 인척 관계였다. 그는 성품이 곧고 신심이 깊어, 예수는 베드로와 더불어 야고보를 가장 신임하고 사랑했다고 전해진다. 예수가 겟세마네 언덕에서 기도할 때마다 베드로, 요한과 함께 늘 가까이에 두었던 것도 이 때문이다.

성경에 따르면, 살로메는 예수께 이렇게 간청했다고 한다.

그러자 예수는 마치 야고보가 장차 자신을 따라 순교할 것을 아는 듯 이렇게 말씀하셨다.

"내가 마시게 될 잔을 너희도 마실 수 있느냐? 그러나 그 자리에 앉을 이는 내 아버지께서 이미 정해놓으셨다."

결국 야고보는 예수의 말씀대로 제자들 가운데 가장 먼저 순교자가 되었다. 그의 순교일 또한 예수 승천일과 같은 성 금요일이었다.

"그 길은 내 삶에 전환점이 되었다"

성 야고보는 스페인의 수호성인守護聖人이다.

산티아고는 1189년 성지로 선포된 후 해마다 수많은 '호국 순례자'들이 모여들었다. 1492년 레콘키스타 이후 그 열기는 점차 식어갔다. 긴 세월 동안 산티아고 순례는 명맥만 간신히 이어왔다.

그러던 1982년, 교황 요한 바오로 2세가 교황으로서는 처음으로 이 도시를 방문, '성지 순례'를 언급했다. 이어 1987년에는 유럽연합EU이 산티아고 순례길을 '유럽 문화유산'으로 지정했고, 1993년에는 유네스코가 세계문화유산으로 등재했다. 이로써 순례자의 수는 폭발적으로 늘어나기 시작했다.

　여기에 브라질 출신 작가 파울로 코엘료Paulo Coelho, 1947~가 기름을 부었다. 극작가이자 저널리스트였던 그는 39세 되던 해, 돌연 모든 것을 내려놓았다. 그리고는 배낭 하나만 메고 남프랑스 생장으로 갔다. 거기서 출발해 피레네 산맥을 넘어 산티아고로 향했다. 800km에 이르는 그 길은 고독하고도 혹독했다. 뒤를 돌아봐도 같은 풍경, 끝이 보이지 않는 고통의 길 위에서 그는 자신이 끝까지 완주할 수 있을지 끊임없이 흔들렸다. 그러나 바로 그 길에서 그는 경이로운 체험과 내면의 깨달음을 얻었다.

　그는 이 여정을 바탕으로 1987년 〈순례자Diario de um Mago〉를 출간했다. 이 책은 170여 개국에서 2억 부 이상 팔리며 전 세계 수많은 이들에게 영적 순례의 불씨를 옮겼다.

　이 책을 관통하는 키워드는 다음과 같다.

"산티아고로 가는 길은 더없는 고통이었다. 그러나 그 길은 나를 변화시켰다. 삶의 커다란 전환점이 되었고, 마침내 생의 진리를 깨닫게 되었다."

'Camino de BikeCha's Route'

　나는 스페인 북부의 모든 길은 순례길로 통한다고 생각한다.

　보통 '산티아고 순례길' 하면 800km에 달하는 '프랑스 길Camino Frances'을 떠올린다. 프랑스 남부 생장Saint-Jean-Pied-de-Port에서 출발해 피레네 산맥을 넘어가는 대표적인 루트로, 우리나라 순례자들이 가장 많이 찾는 길이기도 하다.

사실 순례 길은 여럿 존재한다.

프랑스 길 외에도 아스투리아스의 오비에도에서 출발하는 265km의 '프리미티보 길Camino Primitivo', 산 세바스티안에서 시작해 대서양 해안을 따라가는 815km의 '북쪽 길Camino del Norte', 안달루시아 세비야에서 출발하는 '은의 길Via de la Plata' 등이 대표적이다.

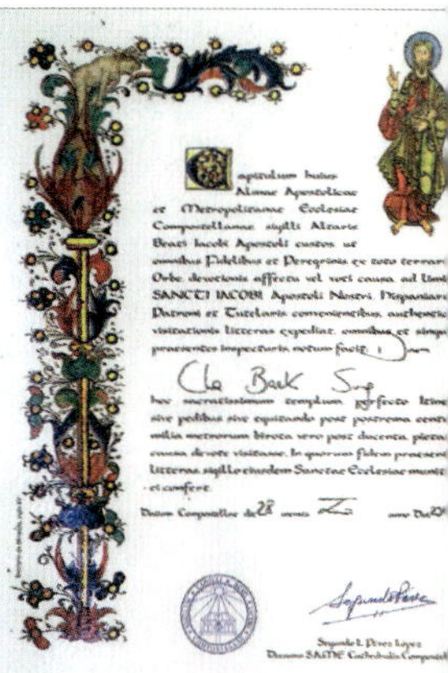

순례 증명서

나는 가톨릭 신자가 아니다.

그럼에도 불구하고 산탄데르의 아순시온 성당Catedral de la Asuncion에서 크레덴시알Credencial del Peregrino(순례자 여권)을 발급받았다. 그 순간 나는 '자전거 순례자Bike Peregrino'가 되었다. 경건한 마음으로 자전거를 타고 북부의 길을 달리며, 산티아고에 도착해 대성당에서 나의 스페인 여정을 마무리하겠다고 다짐했다.

여정을 이어가는 동안 도시마다 성당이나 알베르게Albergue(순례자 숙소)에서 페레그리노Peregrino(순례자)임을 증명하는 세요sello(확인 스탬프)를 받았다. 산티아고 대성당 사무국에 크레덴시알을 제출하면 '순례 증명서 Compostela'를 받을 자격이 생긴다. 이때 최소 100km 이상을 걸었거나 자전거로 달렸음을 증명해야 한다. 드물게 말을 타고 오는 순례자도 있단다.

순례길 이정표

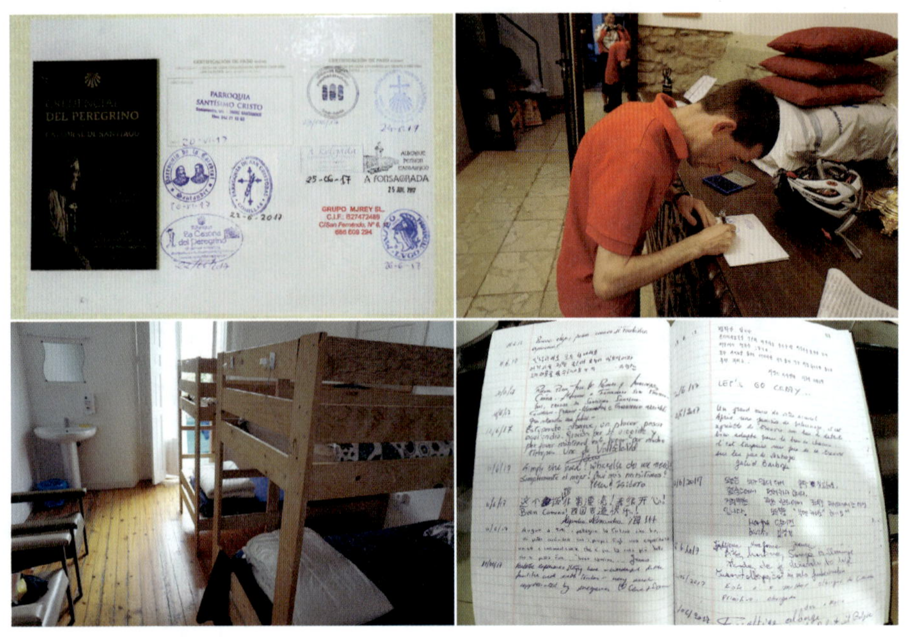

↑ '크레덴시알'이라 불리는 순례자 여권　↑ 순례자 여권에 스탬프를 찍고 날짜를 적고 있다.　↓ 알베르게 내부. 하루 이상 머무를 수 없다.　↓ 알베르게에 비치된 방명록

　내가 자전거 순례자를 자처한 이유는 두 가지다. 첫째, 많은 사람들이 걸어간 길을 나는 자전거로 달려보고 싶었다. 둘째, '걷는 자'와 '자전거 탄 자'가 좁은 길 위에서 과연 사이좋게 공존할 수 있는지를 직접 경험해 보고 싶었다.

　그리고 나는 '정해진 순례길'이라는 틀에 얽매이고 싶지 않았다. "All roads lead to Rome모든 길은 로마로 통한다"이라는 말처럼, 북부의 길은 어디로 가든 결국 산티아고로 이어진다. 더 넓게 말하면, 성 야고보의 유해가 안치된 산티아고 대성당을 향하는 그 길 자체가 곧 순례길이다.

나는 내가 달린 길을 다음과 같이 명명했다.

‘자전거 여행가 차백성의 길 Camino de BikeCha's Route’

그들은 왜 순례길을 걸었을까?

산티아고 순례길을 다녀와 책을 낸 이들이 많다.

어림잡아도 30권은 넘고, 대형서점 서가에 꽂히지
도 못한 채 사라져간 책까지 합하면 50권은 족히 될 것
이다. 그만큼 이 길이 주는 체험과 고행, 그리고 남기고
싶은 이야기가 많다는 뜻일 게다.

서영은 산티아고 순례기, 〈노란
화살표 방향으로 걸었다〉

그 가운데 유독 내 눈에 꽂힌 책이 있었다. 바로 소
설가 서영은이 쓴 〈노란 화살표 방향으로 걸었다〉이다.
무엇보다 책이 두꺼웠다. 나는 원래 두꺼운 책을 선호한다. 단단한 무게
감 속에 담긴 삶의 진정성을 믿기 때문이다.

서영은은 예순다섯에 문득 자신이 ‘작가의 길’에서 너무 멀리 벗어나
있음을 느꼈다. 몇 달 뒤, 그는 유언장까지 써놓고 산티아고 순례길에 올
랐다. 순례는 본디 순교와 닮아 있다. ‘리스크’가 크다는 사실을 작가도 알
고 있었을 것이다. 내가 보기에 ‘유언장’은 반드시 완주하겠다는 자신과
의 비장한 약속이었다.

그녀는 상처 입은 영혼을 달래며 사막의 낙타처럼 한 걸음 한 걸음 나
아갔다. 길 위에서 지난날 자신을 옭아맸던 온갖 인연들을 떠올렸다. 서른

살 연상이었던 남편, 문단의 거목 김동리의 세 번째 아내로 살며 겪어야 했던 애틋하고도 가슴 시린 사연들. 그녀는 이렇게 고백했다.

결국 그녀는 산티아고 순례길 위에서 남편과의 사랑에 비해 너무도 짧았던 아내로서의 삶을 내려놓았다. 전처 자식들과의 유산분할 소송도 마찬가지였다. 귀국 후 그녀는 남편의 유품과 문학 자료를 기증하며 비로소 자유로워졌다.

책의 마지막 장에서 그녀는 이렇게 썼다.

순례길을 걷는 이유와 목적은 백인백색이다. 가장 '모범적인 순례자'(?)는 돈독한 신앙심으로 고통을 기꺼이 감내하며 완주하는 사람이다. 또 다른 부류는 인생의 후반전을 새롭게 시작하려는 사람 아닐까.

두 가지 테마로 '프랑스 길' 800여km를 33일 동안 완주했다. 그것도 모자라 4일을 더 추가해 묵시아Muxia를 거쳐 스페인 서쪽 땅끝 피스테라Fisterra까지 116km를 더 걸은 사람이 있다.

필자와 자전거 동호회에서 함께 활동하는 이홍희 씨. 그는 대한민국 해병대 29대 사령관을 지낸 3성 장군 출신이다. 전형적인 무골武骨이지만, 누구보다 다정하고 섬세한 감성 리더십을 가진 지휘관이었다. 전역 후에는 강단에서 후배들에게 경험을 나누고, 여행과 독서, 자전거

어딘가 쓸쓸해 보이는 나홀로 순례자

타기 등 못다 한 것들을 즐겼다. 하지만 그의 마음 한가운데 허전함이 고개를 들기 시작했다.

그의 결심은 단순했다. 익숙한 모든 것과 결별하고, 오직 혼자만의 시간을 갖고 싶다는 것. 긴 세월 군이라는 엄격한 조직생활에 압도되어 내면 깊숙이 잠재되어 있던 꿈이 움트기 시작한 것이다. 나는 이것을 '스스로 자아를 찾아가는 과정, 혹은 꿈의 실현'이라 생각한다.

한 분야의 고수다운 그의 말이 내 가슴에 꽂힌다.

"우리는 살아가면서 정기적으로 건강 검진을 받습니다. 하지만 그것은 오직 신체에 대한 검진일 뿐, 마음에 대한 검진은 받은 적이 없지요. 그것을 해줄 의사는 없습니다. 오로지 나 자신만이 진단하고 결론을 내릴 수 있습니다. 그래서 나는 산티아고 순례길을 완주하기로 마음먹었습니다."

그는 여러 명과 함께 서울을 출발했지만, 길에서는 홀로 걸었다. 단체 여행과 홀로 여행의 장점을 절충한 방식이었다.

"일행과 교분을 쌓으려면 숙소에서 충분히 가능합니다. 하지만 걸을 때만큼은 철저히 혼자가 되어 나만의 사유 세계 속에서 자신과 대화했지요."

순례길을 마치고 와서도 그는 한결같이 담담한 말투로 말했다.

"다녀온 후 정신적 안정이 찾아왔고, 삶을 긍정할 수 있게 되었어요. 8kg이 빠진 건 덤이고요."

아니, 8kg이 덤이라니. 대체 얼마나 많은 땀을 흘린 것인가! 하지만 이는 단순한 체중 감량이 아니었다. 그의 강인한 인내심을 보여주는 증거였고, 육肉의 변화가 영靈의 변화를 이끌 수도 있음을 보여주는 사례였다. 둘은 동전의 양면처럼 붙어 있기 때문이다.

이홍희 씨는 이미 몽골, 일본, 국내 전적지戰迹地를 자전거로 누비며 기행기를 발표해왔다. 그의 글은 젊은이들뿐만 아니라 중·장년층에게도 잔잔한 감동을 전해주었다. 이제 그는 자전거 여행작가로서 인생 후반전을 본격적으로 열 준비를 마쳤다. 그의 선전善戰을 기대한다.

여행의 짐, 인생의 짐

자전거 여행은 짐 무게 줄이기와의 처절한 싸움이다.

물론 순례자의 '배낭 꾸리기'도 다르지 않다. 서영은 작가는 짐 꾸리는 장면을 이렇게 묘사했다.

"잘 싼 짐을 다시 풀어 무게를 조정해야만 했다. 짐을 풀어 방바닥에 늘어놓다 보니 깨달아지는 것이 있었다. 짐이 무거워진 이유는 짐 자체에 있는 것이 아니라, 남을 의식하는 내 생각에 있었다. '고상하게', '멋스럽게', '깔끔하게' 보이고 싶다는 그 생각을 접고 나니 다시 짐 꾸리기가 쉬워졌다."

"긴 여행에 지푸라기도 무겁다." 스페인 속담이다.

나는 이 말을 절실히 느끼기에 짐 보따리 무게 1g이라도 줄이려고 머리를 짜낸다. 칫솔도, 효자손도 반쯤 잘라서 챙긴다. 그런데도 여행할 때마다 꼭 가지고 다니는 책이 한 권 있다. 이 책과의 인연은 오래되었다. 전업 자전거 여행가로 나서기 전, 직장인 시절 아프리카 수단이나 나이지리아 근무 때도 늘 함께였다. 힘들고 지쳐 삶이 바닷가 모래 한 줌처럼 느껴질 때 이 책을 읽고 또 읽었다. 한 줄 한 줄 음미하고 싶어 영어판까지 구해 읽었다.

심심풀이도 나는 늘 책으로 해결했다.

그래서 그런가, 나는 잡기를 잘 못 한다. 마작도, 바둑도 못 하고, 시간을 너무 잡아먹는 골프도 '보기 플레이' 수준에서 그만두었다. 좀 한다는 게 있다면 테니스와 200 정도 치는 당구 정도다. 이러면 무리에서 '따' 당하기 십상이다.

하지만 역사에 발자취를 남긴 사람 중에 외로움을 창조로 연결시킨 이들이 많다는 사실에 위안을 받았다. 프랑스의 노벨문학상 수상 작가 아나톨 프랑스Anatole France, 1844~1924가 한 말이 내 가슴에 오래 남아 있다.

"내가 인생을 알게 된 것은 사람과 접촉했기 때문이 아니라, 책을 읽었기 때문이다."

순례길에 볼 만한 책 한 권

인연 깊은 그 책은 이제 지면이 누렇게 바랬다.

그래도 활자만 식별할 수 있다면 앞으로도 여행길에 동반자가 되어줄 것이다. 책은 정신과 의사 빅터 프랭클Viktor Frankl, 1905~97이 쓴 〈죽음의 수용소에서Death Camp to Existentialism〉이다.

비엔나에서 태어난 그는 촉망받는 정신의학도였다.

유대인이라는 이유로 체포되어 강제수용소에서 3년간 고초를 겪었다. 수많은 동포들이 아무런 의미도 없이 죽어갔지만 그는 기적처럼 살아남았다. 그의 이야기가 오늘을 사는 우리에게 큰 울림을 주는 이유는 책상 머리에서 쌓아올린 정신학 이론이 아니라, 온몸으로 겪은 체험에서 비롯된 진실이기 때문이다.

그의 지론은 단순하다. 도저히 피할 수 없는 가혹한 운명 앞에서 어떤 태도로 맞서느냐에 따라 인생의 의미가 달라진다는 것이다. 그는 이것을 '의미에의 의지Will to Meaning'라 불렀다. 인간은 시련을 극복하는 과정에서 비로소 삶의 의미를 발견할 수 있다는 것이다.

수용소 환경은 인간으로서의 품위를 철저히 박탈했다. 생의 의욕마저 사라지게 만들었다. 그러나 마지막까지 남아 있는 자유가 있었다. 바로 그 비참한 상황 속에서 자신의 태도를 선택하는 자유였다.

프랭클은 이렇게 결론을 내린다.

빅터 프랭클 박사. '로고테라피'라는, 삶의 의미를 강조하는 치유법을 창안했다.

떠나보라 순례길을, 혼자서!

여행은 삶의 축약판이다.

순례길을 알리는 조가비와 노란 화살표

이 말을 뒤집으면, 축약판을 보면 전 인생을 짐작할 수 있다는 말이다.

건설 분야에서 대형 건물을 짓기 전에 미리 축소판을 만들어보는 것은 이런 이유 때문이다. 우리는 한평생을 살면서 적어도 한두 번은 스스로 내면을 돌아보고 자신이 어떤 삶을 살고 있는지, 어떤 삶을 살아갈지 돌아보는 시간이 필요하다. 하지만 '익숙한 일상'에서는 쉽지 않다. 많은 사람들은 남의 눈을 의식하며 타인이 정해준 시간표대로 살아간다.

잠시라도 자신을 속박하는 것에서 벗어날 수 있을까.

여행의 진수는 완전한 자유에 있다. 여행만큼 동기가 강력한 행위는 흔치 않다. 여행은 외부적인 강요에 의해 하는 것이 아니라 많은 시간과 돈, 열정을 기울여 스스로 행하기 때문이다. 여행을 떠나겠다고 결심할 때는 이미 자신에게 의미 있고 자신을 움직이게 하는 무언가를 생각하고 있다.

나의 경우 여행 중에 한마디도 하지 않고 하루를 보낼 때도 있다. 그럴 때는 타인이 아닌 나 자신의 소리에 더 귀를 기울일 수 있다.

자기 이야기만 늘어놓는 친구에게 맞장구칠 필요도 없고, 양보나 배려를 위해 내가 원하는 것을 숨기지 않아도 된다.

홀로 여행에서는 지독한 외로움을 감내해야만 한다. 그 외로움의 무게는 내 자전거에 달려 있는 7개의 짐가방보다 더 무겁다.

그런데도 내가 고통을 인내하며 혼자 여행을 하는 이유는, 삶이란 어차피 혼자서 먼 길 떠나야 하는 여행길이기 때문이다. 나는 여행을 통해 영혼의 담금질을 계속함으로써 '영원한 여행길'을 대비한다.

유유상종. 자전거 순례자를 만나면 반갑고 할 말이 많다.

세상에 나 홀로 던져진 느낌, 하지만 이것을 여행이 준 선물로 승화시킬 때 홀로 여행의 진가가 발휘된다. 그러면 어떻게 해야 할까. 그림자처럼 따라다니는 외로움을 친구로 만든다. 말 없는 이 친구는 유일한 대화 상대가 된다.

"지금의 삶이 만족스러운가?

뚜렷한 계획도, 목표도 없이 흘러가는 대로 살아야만 하는가?

내가 바꿀 수 있는 삶의 우선순위는 무엇인가?

바꾼다면, 그것은 나에게 어떤 의미를 줄 것인가?"

끊임없이 질문을 던지며 자신을 성찰한다.
이 시간이야말로 홀로 여행의 최고의 순간이다.

오늘의 나를 만든 것은 가이드 없이 20여 년 '처절한 나홀로 여행'을 했기 때문이라고 자부한다. 그렇기 때문에 나는 여행을 좋아하고 꿈꾸는 사람들에게 권한다.

순례길의 마지막 도시, 루고

길고 길었던 스페인 여행도 이제 끝이 보인다.

마지막이라고 생각하니 미련이 남는다. '이제는 포르투갈이다, 무엇이 또 나를 기다리고 있을까!' 생각이 여기까지 미치자 다소 위안이 된다.

남은 여정, 유종의 미를 거두기 위해 산티아고를 향해 다시 힘차게 페달을 밟았다. 루고Lugo는 순례자들에게 종착지를 앞둔 마지막 도시, 곧 산티아고가 가까워졌다는 신호다. 하지만 이곳에서 방심하면 두 달 넘게 이어온 고행이 물거품이 될 수도 있다.

루고의 중심가 카페에서 독일에서 온 젊은 순례자 두 명과 커피를 마시며 지나온 길의 경험담을 나눴다. 그중 한 명이 자전거를 타며 '고통을 즐기는' 내가 부럽다며 이렇게 말했다.

"순례자들이 고통이 극에 달해 주저앉고 싶을 때, 바로 이곳 루고라고 해요."

나는 그에게 웃으며 이렇게 대답했다.

"사람이 살아가면서 가장 힘들어 좌절할 때, 그 순간이 사실은 인생의 정점

이런 길을 만나면 저절로 힐링이 된다.

그는 내 말에 전적으로 공감한다며 두 손을 내밀어 악수를 청했다.

루고에서 산티아고까지는 약 80km.

도보 순례자는 2, 3일이 걸리지만, 나에겐 하루 거리였다. 이러니 '자전거 순례'가 얼마나 좋은가! 도보 순례에 비한다면 말이다.

이 말에 따르면 걷는 것이 가장 좋겠지만, 현실적으로 너무 느리고 힘도 많이 든다. 내리막길에서도 보상은커녕 더 큰 고통이 따르기도 한다. 그런 점에서 '걷기'와 '자동차' 사이에 위치한 '자전거'야말로 가장 이상

런던에서 온 자전거 순례자 캐롤리나 씨. 명상을 위해 순례한다고 했다.

적인 순례 수단이 아닐까.

인구 약 10만 명의 루고에서 가장 눈에 띄는 볼거리는 단연 로마 성벽The Walls of the Roman Era이다. 3세기에 처음 세워진 성벽은 높이 13m, 길이 2,200m, 85개의 탑이 남아 세계에서 가장 잘 보존된 로마 성벽으로 평가받는다.

루고의 기원은 BC 15년까지 거슬러 올라간다. 당시 루쿠스 아우구스티Lucus Augusti가 로마를 통치할 때 해발 500m의 이 지역을 거점 도시로 조성했다니 그 역사가 매우 깊다.

이번 스페인 여정에서도 곳곳에서 로마제국의 흔적을 만날 수 있었다. 로마는 이탈리아 외의 광대한 영토를 '프로빈키아Provincia(속주)'라 부르며 총독이나 집정관을 파견해 엄격하게 다스렸다. 특히 팍스 로마나 시대Pax Romana(절대 평화의 시대)에는 로마법이라는 통일된 체계가 제국 전역을 지배했다.

이 시기에 원형 경기장, 수도교, 도로 등 놀라운 공학적 성취가 이루어졌고, 교통과 사회 인프라가 속주 구석구석까지 연결되었다. 오늘날 프랑스 남부 지중해 연안의 '프로방스'라는 이름도 이때의 '프로빈키아(영어로는 Province)'에서 비롯되었다.

↑ 루고의 명물, 로마 성벽 ↓ 루고 중심가. 순례자들이 쉬어가는 곳이다.

'걷는 자'와 '자전거 탄 자'

나는 제주 올레길이나 둘레길에서 '걷는 자'와 '자전거 탄 자' 사이에 크고 작은 마찰이 있다는 말을 들어왔다. 그래서 이번 산티아고 순례길에서는 양측의 관계가 어떨지 궁금했다.

순례길에서는 인종과 국적, 나이의 장벽을 넘어 단지 '같이 순례를 한다'는 이유만으로 친구가 된다. 이런 맥락에서 도보 순례자와 자전거 순례자 사이에는 별다른 문제가 없어 보였다. 그래도 확실히 알고 싶어 몇몇 도보 순례자에게 직접 물어보았다. 돌아온 대답은 한결같이 긍정적이었다. 역시 서구인다운 개인주의적 태도였다.

하지만 '힘센 자전거'가 양보하는 것이 지구촌 인지상정이다.

나는 먼저 "부엔 카미노Buen Camino(좋은 순례길 되세요)!"라거나 "부에노스 디아스Buenos Dias(좋은 아침)!", 혹은 "그라시아스Gracias(고마워요)!"라고 인사하며 속도를 확 줄여 앞질러 나가면 바로 등 뒤에서 화답이 들려왔다. 그렇지 않고 아무 말 없이 시속 20km 안팎으로 먼지를 일으키며 도보 순례자를 추월한다면, 그것도 여러 대가 한꺼번에 지나간다면, 어떤 '걷는 자'가 인상을 찌푸리지 않겠는가.

순례의 성수기인 7~8월에는 어쩔 수 없는 갈등이 생길 수도 있다. 이제는 자전거 순례자가 전체 순례자의 12%를 넘는다고 한다. 그렇기에 라이더로서 최소한의 매너는 반드시 지켜야 한다.

또 하나 덧붙이고 싶은 것은, 일부 한국인 순례자 중에 농작물을 서리하는 경우가 있다(극소수이기는 하지만, 블로그에 자랑하듯 사진을 올리기도 했다). 절대로 해서는 안 된다. 과거 우리 농촌을 생각한다면 큰 오산이다. 외국에서는 매너 문제가 아닌 엄연한 절도 행위로 형사처벌 대상이다.

나는 해외 투어를 할 때 자전거 앞 핸들바에는 태극기를, 뒤에는 그 나라 국기를 달고 다닌다. 그 나라 국기는 여행국의 법과 규칙을 존중하겠다는 뜻이고, 태극기는 한국인으로서 자부심을 지키며 부끄러운 행동을 하지 않겠다는 나와의 약속이기도 하다.

성당 앞 광장은 환희의 물결

산티아고 시내가 내려다보이는 야트막한 언덕이 있다.

여기에 도착하면 순례가 끝났음을 의미한다. 그래서 '환희의 언덕(몬테 도 고소Monte do Gozo)'이라 불린다. 목표인 산티아고 대성당이 지척에 있기 때문이다.

일부 순례자는 이 부근 알베르게에서 하룻밤을 묵으며 흥분을 가라앉힌다. 몸을 정갈하게 하고 그간의 노정路程을 정리한다. 이튿날 아침 출발해 산티아고 대성당에서 오전 미사를 드린다.

사 중에 그런 사고가 발생한다면 대형 참사가 될 것이다. 근래에는 아무 때나 하지 않고 특별한 날, 야고보의 축일祝日인 7월 25일에 '향로 행사'를 한다.

일본의 88사찰 순례길

산티아고 순례길을 달리면서 떠오른 기억이 있었다. 수년 전, 일본 시코쿠四國를 여행하며 '불교 순례길'을 자전거로 달렸던 경험이다. 예수와 부처, 인류의 대스승을 따르는 순례자 심정은 거의 비슷할 것이다. 내적인 것은 물론 형식 등 외적인 것도 일치하는 점이 많았다.

산티아고 길 위에서 문득 동양과 서양의 순례 방식을 비교해보는 것도 의미 있겠다는 생각이 들었다.

일본의 불교 순례길 역시 산티아고 순례길 못지않은 오랜 역사를 지니고 있다. 에도 시대에 접어들면서 서민들 사이에 '헨로遍路(순례)'가 유행했다. 그중 대표적인 것이 코보 다이시弘法大師, 774~835의 자취를 따라 시코쿠 내 88개 사찰을 돌아보는 길이다. '오헨로お遍路'라 불리는 이 여정은 일본 불교의 역사와 전통을 담은 순례길이다.

88사찰은 카가와 현 23개, 에히메 현 26개, 고치 현 16개, 도쿠시마 현 23개로 이루어져 있다. 전체 길이는 1,300km, 두 달 정도 걸린다.

각 사찰에는 1번부터 88번까지 고유 번호가 붙어 있다.

반드시 번호 순서대로 돌 필요는 없지만, 대부분은 그 순서를 지킨다.

일본 시코쿠 88사찰 순례

순례자들은 전통적으로 특별한 복장을 갖춘다. 우선 '하쿠이白衣'라 불리는 흰옷을 입어 깨끗한 모습으로 예를 갖춘다. 가슴에는 약식 가사인 '와게사輪袈裟'를 걸친다. 머리에는 삿갓을 쓴다. 한 손에는 염주, 다른 손엔 '곤고즈에金剛杖(지팡이)'를 쥔다. 여기에 '즈다부쿠로頭陀袋(순례 가방)'를 어깨에 멘다. 이 안에는 이름과 주소, 기원 사항을 적은 '오사메후다納札', 순례 사찰의 인증을 기록하는 '노쿄초納經帳', 그리고 경전인 '쿄혼經本'이 들어 있다.

옛날에는 이런 복장을 갖추는 것 자체가 곧 비장한 다짐이었다. 순례 도중 언제 어디에서 죽음을 맞더라도 괜찮다는 각오, 그만큼 순례길은 목숨을 건 수행이자 신앙의 길이었다.

치욕스런 과거가 엄청난 자산이 될 줄이야!

제주 올레길 걷기가 국민적 공감대를 이루었다.

이에 편승해 각 지자체마다 둘레길 조성이 붐을 이루고 있다. 그러나 외국에서 이를 목표로 오는 사람이 몇이나 될까. 시코쿠 사찰 순례길에서는 한국 사람을 비롯해 유럽, 동남아 사람들과도 심심찮게 조우하곤 했는데, 그때의 충격을 나는 아직도 잊을 수 없다.

왜 지구 반대편 스페인 순례길에서 일본 생각이 떠올랐을까?

우리가 가지지 못한 것에 대한 부러움, 일본은 쉽게 넘지 못할 벽이라는 한계 의식 때문일 것이다. 내겐 오래된 습관이 하나 있다. 세계 어디를 여행하든 한국과 일본을 비교하는 것이 '습관성'이 된 지 오래다. 이번 여행길에서도 일본인 순례자가 얼마나 오는지 유심히 살펴보았다. 그러나 거의 만나기 힘들었다. 내가 만난 동양인은 대부분 한국인이었다.

참 부러웠다.

이번 여행길에서도 엄청난 수의 관광객들이 스페인 각지를 여행하는 모습을 직접 보았다. '굴뚝 없는 산업', 지금 스페인의 관광 수입은 엄청나다. 이슬람 문화와 가톨릭 문화가 공존하기 때문이다. 늘 보던 서양 문화, 혹은 늘 보던 동양 문화만이 아닌 이슬람과 서양 문화가 한데 어우러져 있는 모습은 세계인을 매혹시키기에 충분하다.

특히 남부 안달루시아 지방에 흩어져 있는 아랍 유산들을 '스토리'라는 고운 옷을 입혀 관광객 앞에 선보이니 전 세계에서 다투어 찾아온다. 그 대표적인 예가 알람브라 궁전이다. 이곳은 수개월 전부터 인터넷으로 예약해야만 입장할 수 있다. 지금은 세상에서 둘째가라면 서러워할 관광 명소가 되었다. 이것이 가져다주는 경제적 효과는 가늠조차 하기 어렵다.

북부 역시 산티아고 순례길이라는 종교적 자원이 버티고 있다.

현대인들이 갈망하는 '슬로 라이프Slow Life'와 맞물려 전 세계 순례자 수는 꾸준히 늘고 있다. 이러니 스페인은 국토 전체가 관광지가 되었고, 그 '낙수 효과'가 옆 나라 포르투갈에까지 미치며 서로 상승 작용을 일으켜 전 이베리아 반도로 확산되고 있다.

이민족 지배라는 치욕의 역사일 수도 있는 781년간의 아랍 지배, 그 정복자들을 몰아내기 위해 결집했던 산티아고 순례길.

오늘날 이렇게 효자 노릇을 톡톡히 할 줄은, 아랍의 말발굽 아래 있던 그땐 상상조차 못 했으리라….

인구 1천만 명의 작은 나라지만,
전 세계 3억 명이 같은 언어를 쓰는 나라.
포르투갈은 진정한 '작은 거인'이다.
이 나라는 인류 최초로 대항해 시대를 열어 세계의 바다를 누비며
거대한 식민 제국을 건설했다.
그러나 이후 스페인, 영국, 프랑스, 네덜란드와의 식민지 경쟁에서
밀려나 점차 변방으로 물러났다.
1974년 카네이션 혁명으로 독재자 살라자르를 몰아냈지만,
새로 들어선 좌파 정권의 잘못된 정책으로 한동안
서유럽의 최빈국이라는 오명을 벗지 못했다.

그들은 왜, 그리고 어떻게 이런 길을 걸어온 것일까?
'두 바퀴 나그네'는 그 물음표를 가슴에 품고,
바퀴 닿는 곳마다 인문기행을 시작한다.

포르투갈

Portuguese Republic

어둠이 내려앉은 동 루이스 1세 다리

Chapter 1

포르투와 북부

대서양의 관문, 항해의 기억이 머무는 곳

포르투는 도루 강 하구의 항구 도시로, 무역으로 번성하며 나라 이름의 뿌리가 되었다. "포르투에 오면 세 번 취한다"는 말이 있다. 독특한 맛의 포르투 와인, 전통 민요 파두의 애잔한 선율, 도루 강변의 서정적인 풍광이 여행자를 매혹시킨다. 무엇보다 이곳은 '항해 왕자' 엔히크의 출생지다. 이번 여정은 포르투에서 출발해 수도 리스본을 향해 남진하며 포르투갈을 종단한다.

도루 강 상류의 한가롭게 떠 있는 배들

왜 '포르투 와인'인가?

도시 이름만큼이나, 같은 이름의 술이 세계적으로 알려졌다.

부드러우면서도 강한 풍미와 달콤함이 특징이다. 도루 강은 스페인에서 발원해 험준한 협곡을 따라 포르투까지 장장 770km를 흐른다.

강 하구의 빌라 노바 드 가이아^{Vila Nova de Gaia} 일대에는 약 100km에 걸쳐 와이너리가 이어진다. 이곳은 급경사 지형, 뜨거운 기후, 석회편암 토양이 특징이다. 경사지라 일조량이 많아 포도 숙성에 유리하다. 편암은 낮에 열을 저장했다가 밤에 열기를 발산, 당도를 높여준다. 독일 라인 강이나 모젤 강 협곡에 와이너리가 끝없이 늘어선 이유를 짐작할 만했다.

세계적 명성의 와인이 되기까지 오랜 세월 포르투갈 사람들의 땀과 노력이 있었다. 본격적인 포도 재배는 12세기에 시작됐다. 프랑스 귀족 앙리 드 부르고뉴가 종자를 가져와 술을 빚었지만, 명성을 높인 데는 영국의 역할이 컸다.

와인의 품질을 좌우하는 요소는 크게 네 가지다. 포도 품종, 토양, 기후, 양조 기술이 그것이다. 포르투 와인의 제조 공법은 특이하고 번거롭다. 알코올 함량이 6~8%에 이를 때 발효를 중단하고 브랜디를 섞는다. 이때 비율은 4 대 1. 다시 오크통에 넣어 2차 발효시킨다. 통상 이 과정이 5년 정도 걸린다.

일명 '강화 와인'이라 불리는 포르투 와인은 20도 내외로, 프랑스 와인보다 도수는 물론 당도도 높다. 스페인 '셰리 와인'도 이와 비슷하다. 이유는 영국인의 입맛에 맞추기 위해서였다. 포르투 와인과 스페인 셰리 와인

도루 강변에서

을 일컬어 '세계 2대 강화와인'이라 부른다.

지난달 스페인 남부를 여행할 때였다. 지브롤터 해협 인근, 스페인 와인의 집산지인 헤레스 데 라 프론테라Jerez de la Frontera를 찾은 적이 있다. 인구 2만 남짓의 작은 도시였지만, '보데가Bodega(산화를 위해 지상에 세운 와인 저장소)'라 불리는 양조장이 30곳이나 있었다.

한 가지 재미있는 사실은, 영국인들이 즐겨 마시는 셰리주도 여기서 유래했다는 점이다. 17세기 영국이 프랑스와 전쟁을 치르던 시절, 영국은 자국 와인 소비량의 대부분을 이곳의 '헤레스 와인'에 의존했다. 하지만 수송 도중 와인이 쉽게 변질됐다. 수입업자들은 이를 막기 위해 브랜디를 섞었다. 지역 이름 헤레스Jerez는 영국인들의 발음 속에서 셰리Sherry로 바뀌었고, 그렇게 셰리주가 태어났다.

리베르다드 광장. 시청사가 박물관처럼 아름답다.

동 루이스 1세 다리와 세체니 다리

동 루이스 1세 다리Ponte Dom Luis I는 포르투의 대표적 랜드마크다.

포르투 중심부와 도루 강 건너 와인 촌村 가이아를 연결하는 다섯 개의 다리 가운데 으뜸으로 꼽힌다. 복층 구조로, 위층은 열차가 다니고 아래층은 차도와 인도다. 다행히 인도는 자전거 통행이 가능했다.

나는 첫눈에 파리의 에펠탑과 비슷하다는 생각이 들었다.

구조 역학적으로 '트러스 아치Truss Arch' 구조물이었기 때문이다. '철의 마법사' 에펠이 아니고서는 100여 년 전에 이런 트러스 철교를 설계할 사람이 없다는 확신이 들었다. 아니나 다를까, 에펠이 설립한 에펠 사 소속의 테오필 세리그Theophile Seyrig가 1879년 설계 공모에 당선되어 1886

↑동 루이스 1세 다리　↓헝가리 부다와 페스트를 잇는 다뉴브 강 세체니 다리. 야경으로 유명하다.

년에 완공했다고 한다.

세계적 미교美橋로 알려진 영국의 타워 브리지, 미국의 골든 게이트 브리지, 호주의 하버 브리지 못지않다. 개통 연도로 보아도 가장 오래된 다리에 속하니 자연스레 '포르투의 명물'로 자리 잡았다.

어스름 저녁 무렵, 다리에 불이 켜지자 강물 위로 불빛이 일렁인다. 감미로운 와인과 카페에서 흘러나오는 음악이 여수旅愁를 자극한다. 누가 포르투를 유럽에서 가장 아름다운 '낭만 항구도시'라 했던가.

몇 년 전 여행한 '헝가리의 밤'이 떠올랐다.

야경으로 유명한 부다페스트Budapest. 석양이 질 무렵 겔레르트Gellert 언덕에 올라 바라본, 어둠이 내려앉는 다뉴브 강의 정경情景을 지금도 잊을 수 없다. 강으로 갈라진 부다 지역과 페스트 지역을 연결하는 세체니 다리Szechenyi Bridge, 이곳의 동 루이스 1세 다리와 난형난제일 것만 같다.

여행 중에만 애주가?

포르투는 도루 강을 가로지르는 동 루이스 1세 다리를 중심으로 양안兩岸이 나뉜다. 볼 만한 곳은 관공서와 유적이 있는 포르투 중심부, 그리고 와인 저장고와 와인 바가 늘어선 빌라 노바 드 가이아Vila Nova de Gaia 지역이다.

여기서 나는 지나가는 사람 서너 명에게 물었다.

"이 지역의 매력이 무엇입니까?"

낯선 도시에 가면 현지인이나 여행자들에게 던지는 나의 상투적인 질

← 대형 와인 하우스. 소량 판매도 가능하다. → 와인 하우스 내부 풍경

문이다. 아니나 다를까, 돌아오는 대답은 이구동성.

"포르투 와인을 맛보기 위해서 왔지요"

포르투에 사는 사람조차 그렇게 답했다.

가이아에서 이곳저곳 대형 와인 숍을 기웃거리다 보니 한나절이 훌쩍 지나갔다. 세계적으로 이름난 와인업체들이 총집합해 있었기 때문이다. 병마다 붙은 각양각색의 라벨label, 레이블도 볼거리였다.

나는 포르투 와인의 품질을 평가할 만큼 애주가는 아니다. 하지만 여운이 남는 와인이 있었다. 과일 향 가득한 감미로운 핑크빛 와인, '루비Ruby'였다. 술에 약한 내가 그 달콤한 유혹에 빠져 홀짝거리다 대취해버렸다. 간신히 호스텔로 돌아왔으나 방까지 올라갈 틈도 없이 라운지에 토사물을 폭포수처럼 쏟아내 '민폐'를 끼친 쓰린 추억이 아직도 생생하다.

나는 체질적으로 술을 많이 마시지 못한다.

조금 마셔도 곧 취하니, 친구들은 내가 매우 '경제적'이라며 놀린다. 하지만 여행 중에는 조금씩이나마 자주 마시기 때문에 '여행 중 애주가'를 자처한다. 왜냐하면 힙 플라스크hip flask(휴대용 작은 술통)는 여행 짐을 챙길 때 빠지는 법이 없기 때문이다. 들판의 텐트 속, 불면의 긴긴 밤에 코냑 한 잔은 숙면에 큰 도움이 되곤 했다.

어떤 이는 내게 이렇게 물었다.

헌데 그것은 '모르시는 말씀'이다.

홀로 하는 여행은 외로움과 두려움의 연속이다. 특히 밤에는.

그래서 나는 평소에도 공포 영화를 잘 보지 않는다. 제대로 된 캠핑장이 아닌 폐가 근처나 다리 밑에서 어쩔 수 없이 야영을 할 때가 있다. 그럴 때면 야행성 야생동물이 수시로 텐트 주위를 맴돌기도 했다. 한번은 들쥐가 텐트 밑으로 파고든 적도 있었다. 아침에 텐트를 걷을 때 녀석도 놀라고 나도 얼마나 놀랐는지!

여행지마다 그 나라 특유의 음식을 맛보듯 술 또한 예외가 아니다. 와인 하면 포르투갈과 프랑스, 맥주 하면 독일·네덜란드·체코가 기억에 남는다. 특히 체코 사람들은 아침부터 맥주(필스너)를 마실 정도로 '맥주 사랑'이 대단했다. 그래서 나는 여행 중 각 나라의 고유 음식과 술을 조금씩 거의 의무적으로 맛본다. 술이 음식을 따라간다는 '식주궁합설食酒宮合說'에도 대체로 공감하는 편이다.

도루 강변. 포르투 와인을 실은 배와 강 건너 보이는 히베이라 지구

수채화로 다시 살아난 히베이라 풍광

가이아 지구에서 도루 강 건너 바라본 히베이라Ribeira 지구의 풍경은 아직도 뇌리에 남아 있다. 14세기부터 촌락이 형성되었다니 역사가 깊다. 좁은 골목 사이사이에 거의 붙어 선 집들의 독특한 외관, 형형색색 파스텔톤, 창 많은 건물들은 마치 레고 블록을 쌓아 만든 장난감 집 같다.

히베이라 지구는 마을 전체가 세계문화유산으로 등재되었다.

강변에는 하벨루스Rabelos라 불리는 작은 배들이 한가로이 떠 있다. 이 배들은 포르투 와인을 실어 나르던 전통 운송 수단이다. 'PORTO CRUZ

포르투 크루즈'라 쓰인 배 위에는 오크통이 실려 있었고, 검은 망토를 두른 채 와인 잔을 든 '상데망 신사Sandeman Don'의 모습도 눈에 띄었다. '달 밝은 밤에 이백이 저 배 위에서 포르투 와인을 마신다면…' 하는 엉뚱한 상상도 해보았다. 이 멋진 광경을 내 둔필鈍筆로는 형용할 수 없어 답답할 따름이다.

전시회장에서 최기화 화백과 함께

나에게는 그림을 그리는 친구가 한 명 있다.

50년 지기知己이기도 한 그는 대우 무역 부문 사장까지 지낸 최기화 화백이다. 말하자면 전 직장의 오랜 동료이다. 그는 넉넉한 품성과 유머 감각, 남을 배려하는 마음, 그리고 술을 즐기는 호방한 성격의 소유자다. 그런 그가 요즘은 그림에 많은 시간을 쏟는다며 어느 잡지에 실린 작품을 보여주었다. 수준급의 작품에 나는 깜짝 놀랐다. 그에게 이런 예술적 소양이 있는 것을 평소엔 전혀 알지 못했기 때문이다.

인생 후반전에 들어선 동료들 중에 의외의 재능으로 두각을 나타내는 경우가 종종 있다. 그간 삶의 무게에 눌려 있던 '꿈'이 서서히 기지개를 켜기 때문일 것이다.

어느 날, 그에게서 전화가 걸려왔다.

"풍경화를 그리려는데 멋진 이국적인 도시나 풍광 사진 없습니까?"

"최 화백이야말로 세계를 상대로 무역을 했으니 역마살이 나 못지않았을

"비즈니스로만 많이 다녀 정작 제대로 된 사진은 없어요."

나는 주저 없이 도루 강변에서 찍은 사진 몇 장을 보냈다.

그로부터 몇 달 뒤, 그에게서 초청장이 날아들었다. 성북동 모 화랑에서 전시회를 연다는 소식이었다. 날짜에 맞춰 화랑을 찾았을 때, 그의 수작秀作들 사이에서 익숙한 작품이 눈에 들어왔다.

〈포르투 항구, Watercolor on Canvas, 57cm × 39cm〉.

다름 아닌 내가 보낸 사진 속 풍광이었다.

나는 미소 지으며 말했다.

"술을 즐기는 최 화백이 결국 와인 오크통이 실린 하벨루스 사진을 골랐군요."

그는 껄껄 웃었고, 우리 둘은 한바탕 파안대소했다.

'세상에서 가장 아름다운 서점'

포르투를 대표하는 렐루 서점Livraria Lello은 '세상에서 가장 아름다운 서점'이라는 별칭을 갖고 있다.

물론 미美에 순위를 정하는 것은 어폐가 있을 수 있다. 그러나 많은 사람들이 공감한다면 그것이 굳어지는 법이다. 실제로 영국 〈가디언〉 지가 선정한 '세계 10대 아름다운 서점'에 이름을 올리기도 했다.

건물은 20세기 초 유행한 아르누보Art Nouveau 양식이다.

내부는 화려한 장식으로 눈길을 끈다. 고급스러운 목재의 질감처럼 보

렐루 서점 전경

이지만, 실은 콘크리트에 나무 색을 입힌 것이다. 당시 포르투갈의 열악한 경제 사정 탓에 어쩔 수 없는 선택이었다고 한다. 천장의 스테인드글라스를 통해 들어오는 자연 채광은 고풍스러우면서도 실용적이다. 2층으로 오르는 붉은 계단은 육체파 여배우의 S라인 같은 곡선미가 돋보인다. 붉은색은 영화제의 '레드 카펫'을 연상시켜 더욱 화려하다.

1906년 렐루 가家가 서점을 열어 지금까지 운영하고 있다.

이곳의 특징은 신간과 헌책을 함께 판다는 점이다. 마룻바닥에 책 수레를 끌 수 있는 철로 모양의 트랙이 설치되어 있는 것도 특이했다. 그래서일까, 이 서점엔 입장료가 있다. 4유로인데, 책을 구입하면 이 금액이 책값에서 차감된다. 그러나 기념품 코너에서는 차감이 적용되지 않는다.

렐루 서점 내부의 상징적 계단

참으로 절묘한 '도서 마케팅'이다.

서점을 〈해리 포터〉 영화 세트장으로 착각했는지, 〈해리 포터〉 시리즈를 구입하는 관광객도 꽤 많았다. 여기서 산 책을 자녀에게 선물한다면 마치 '마법서'처럼 두고두고 잊지 못할 기념품이 될 것 같다.

이 서점을 세계적으로 알린 데에는 〈해리 포터〉 시리즈의 저자 조앤 롤링Joanne Rowling의 공이 크다. 그녀는 젊은 시절 포르투에서 영어 교사로 일했다. 책을 좋아하던 그녀는 이곳을 자주 찾았다. 훗날 그녀는 소설 속 '호그와트 마법학교Hogwarts School of Witchcraft and Wizardry 계단'이 2층으로 오르는 이곳 붉은 카펫이 깔린 계단에서 영감을 받았다고 회상했다. 그래서 사람들은 렐루 서점을 '해리 포터 서점'이라 부르곤 한다.

세계를 '홀린' 작가 조앤 롤링

'커먼스Commence'는 '시작하다'라는 뜻이지만 동시에 '졸업하다'라는 의미도 있다.

세계의 영재들이 모인 미국 하버드 대학. 이 학교의 오랜 전통인

'Commencement Address^{졸업 축사}'는 아무나 설 수 있는 자리가 아니다. 몇 해 전, 그 연단에 조앤 롤링이 섰다.

"여러분이 하버드 대학 졸업생이라는 사실은 실패에 익숙하지 않다는 말이기도 합니다. 인생에서 몇 번의 실패는 피할 수 없죠. 이것을 아는 것이 진정한 재능이고, 그 어떤 자격증보다 가치가 있습니다. 나는 실패가 현실이 되었을 때 오히려 자유로워졌습니다. 실패했지만 나는 살아 있었고, 풍부한 상상력을 가지고 있었죠."

↑ 작가의 인생을 바꾼 〈해리 포터〉 1탄 영화 포스터
↓ 하버드 대학 졸업식에서 축사 중인 조앤 롤링

그녀는 1965년 영국 웨일스에서 태어나 성인이 되어 포르투로 왔다. 처음 구한 직장은 고등학교 영어 교사였다. 이 시기에 렐루 서점을 드나들며, 많은 시간을 서점에서 소설을 구상하며 보냈다. 그러나 평탄치 못한 결혼 생활을 청산하고 무일푼의 싱글맘으로 영국으로 돌아왔다. 우울증으로 자살을 시도할 만큼 끝없는 추락의 나날이 이어졌다.

인생의 막장까지 내려간 어느 날, 그녀는 정신을 차렸다. 모든 것을 잊고 혼신의 힘을 다해 글을 쓰기 시작했다. 1997년 첫 작품 〈해리 포터와 마법사의 돌〉이 세상에 나왔다. 출간 즉시 대박을 터뜨렸고, 소설은 세계를 '판타지'의 소용돌이로 몰아넣었다. 영화화된 작품은 지구촌 곳곳에서 선풍을 일으켰다. 그 열기는 마지막 7편 〈해리 포터와 죽음의 성물〉까지 이어졌다.

부와 명예가 동시에 찾아왔다.

그간 벌어들인 돈은 약 6억 파운드, 한화로 1조 원에 달한다. 책과 영화의 로열티는 지금도 꾸준히 들어오니 액수는 훨씬 더 늘어났을 것이다. 〈포브스〉 지가 선정한 세계 부호 500위 안에 들었고, 영국 여왕보다 더 큰 부자가 되었다.

그러나 하버드 대학이 그녀에게 졸업 축사를 부탁한 이유가 단지 세계적 인기 작가이자 엄청난 부를 쌓았기 때문은 아닐 것이다. 스스로 삶을 바꾸는 힘은 우리 내면에 존재한다는 것을 온몸으로 통찰한 사람이 바로 조앤 롤링이었기 때문이다.

성공 인생에 정답은 없다.

그러나 나는 성공한 사람과 그렇지 않은 사람의 차이는 결국 여기에 있다고 생각한다. 삶의 굴곡진 길목에서 어려움의 절정을 맞았을 때 가던 길을 포기하고 타협하는가, 아니면 설령 실패에 이를지라도 자신의 꿈을 향해 뚜벅뚜벅 걸어가는가. 바로 이 차이 아닐까.

역사(驛舍)인가, 미술관인가!

상 벤투 역Estacao Sao Bento은 포르투의 중앙역이다.

이곳은 원래 오래된 수도원 터였는데, 당대의 건축가 마르케스 다 실바Marques da Silva가 설계해 20세기 초, 카를로스 1세가 집권하던 시기에 지어졌다. 이 역이 관광 명소가 된 이유는 무엇보다도 내부 장식 때문이다. 네 벽면이 화려한 그림으로 가득 차 있어 이곳을 '역사미술박물관'이라

상 벤투 역 내부 벽면의 아줄레주화

불러도 손색이 없을 것 같다.

특히 흰색과 청색의 조화는 압권이다. 타일 사이의 이음매조차 식별하기 어려워, 그저 한 폭의 대형 회화를 보는 듯하다. 그림 속에는 포르투갈 역사 속 주요 사건과 인물들이 생생하게 묘사되어 있다.

이 장식 기법이 바로 '아줄레주^{Azulejo}화'로, 역 내부 벽면 대부분을 덮고 있다. 당대 최고의 아줄레주 화가인 호르헤 콜라소^{Jorge Colaco, 1863~1942}가 12년에 걸쳐 무려 2만여 장의 타일에 그린 것이다. 말로만 듣던 독특한 화법畵法에 탄성이 절로 나왔다. 파란색을 주조로 한 그 풍경은 보는 이의 눈을 사로잡는다.

아줄레주는 특히 포르투갈에서 꽃피운 독특한 예술 양식이다.

화병에서부터 교회와 대저택의 벽면 장식까지 다양한 문양과 그림으로 확산되었다. 18세기는 절정기였다. 부호들이 저택 전체를 아줄레주로 치장할 정도였다. 지금은 '포르투갈의 전통 타일'이라 불리지만, 사실 그 뿌리는 아랍이다. 식민 지배 시절의 산물이다. 아랍어 '아즈 줄레이Az-zulayj'에서 비롯되었는데, '작고 반짝이는 돌'이라는 뜻이다. 대개 10cm 내외의 작은 유약 타일을 가리킨다. 진흙을 구워 만든 저렴한 재료였기에 건축 자재로 널리 쓰였고, 이베리아 반도는 물론 이탈리아와 지중해 여러 나라로 퍼져나갔다.

어디서 본 듯한 푸른색이다….

그렇다! 내 의식은 곧장 네덜란드의 델프트Delft라는 작은 도시로 흘러갔다. 아담한 소도시이지만, 역사와 예술의 향기가 가득한 곳. '국제법의 아버지'라 불리는 휴고 그로티우스^{Hugo Grotius}의 고향이며, 〈진주 귀걸이를 한 소녀〉로 알려진 화가 얀 베르메르^{Jan Vermeer}의 활동 무대이기도 했다.

그곳에서 탄생한 것이 바로 '델프트 블루^{Delft Blue}'다.

포르투갈이 대항해 시대의 문을 열었다면, 네덜란드는 그 열매를 향유한 나라였다. 동인도 회사를 세우고 중국·동남아시아·일본과 교역을 활발히 하면서, 특히 명나라 청화백자靑華白磁를 대량으로 수입했다. 네덜란드인들은 '중국 오리지널'보다 더 미적이고 다양한 형태로 만들었다. 이때부터 당시 유럽인들의 생활 속에 '블루'가 깊숙이 파고들었다.

아줄레주가 웅장한 건물 벽면을 장식해 도시 풍경을 빛냈다면, 델프트 블루는 그 푸른빛을 접시에, 병에, 생활 도구에 담아 일상 속에서 사랑받았다. 쓰임새는 달랐지만, 두 나라 모두 푸른빛으로 자기 문명을 장식했던 셈이다.

Chapter 2

대항해 시대의 개막

미지의 바다로 열린 문

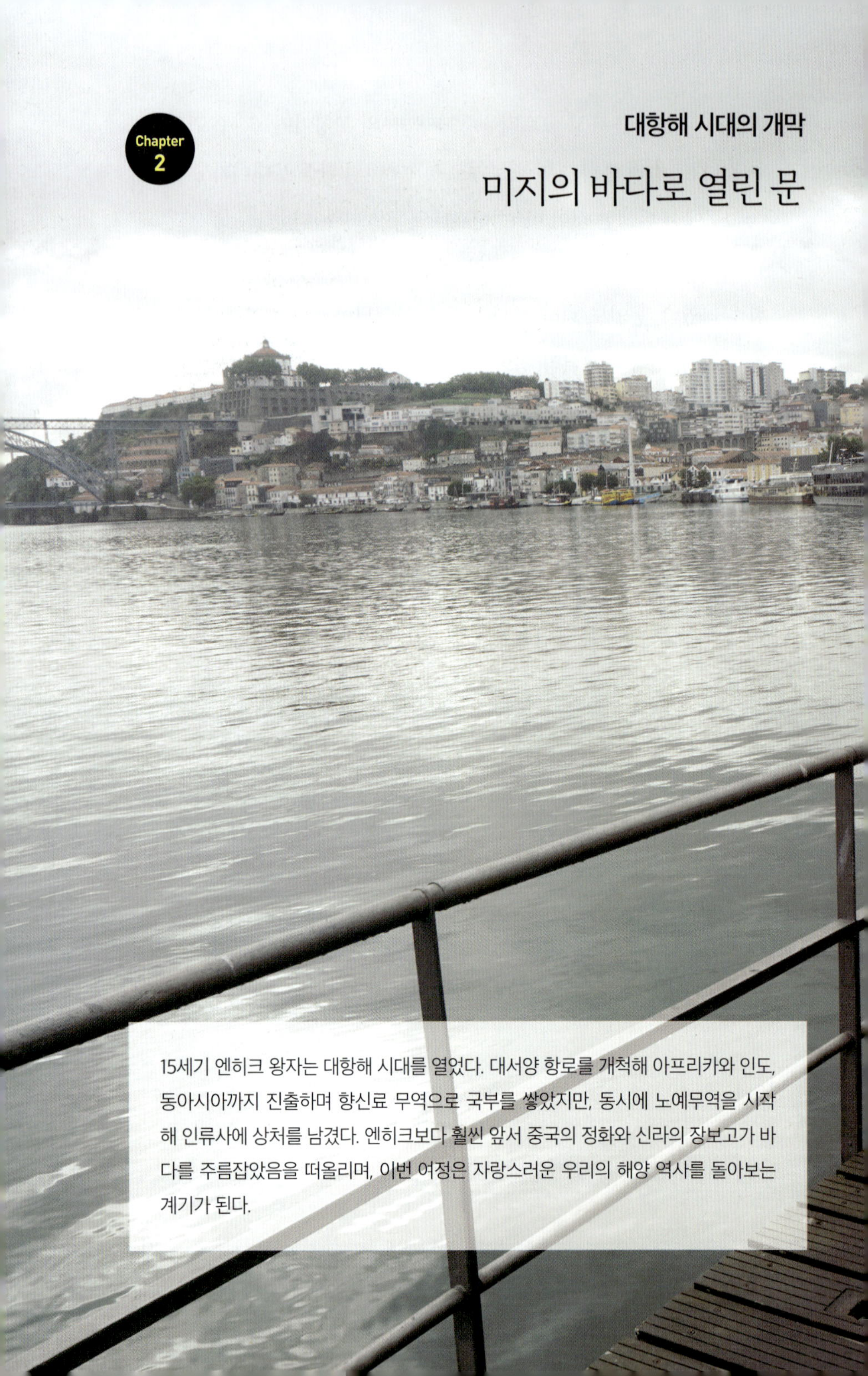

15세기 엔히크 왕자는 대항해 시대를 열었다. 대서양 항로를 개척해 아프리카와 인도, 동아시아까지 진출하며 향신료 무역으로 국부를 쌓았지만, 동시에 노예무역을 시작해 인류사에 상처를 남겼다. 엔히크보다 훨씬 앞서 중국의 정화와 신라의 장보고가 바다를 주름잡았음을 떠올리며, 이번 여정은 자랑스러운 우리의 해양 역사를 돌아보는 계기가 된다.

술과 낭만의 도시, 포르투를 떠나며

↑ 볼사 궁전 전경
↓ 볼사 궁전 앞에 우뚝 선 엔히크 상

탐험의 그늘

상 벤투 역을 나와 볼사 궁전Palacio da Bolsa으로 향했다.

그곳에 가면 '항해 왕 엔히크Infante Dom Henrique, 1394~1460'의 흔적을 만날 수 있다. 포르투가 바로 그의 고향이기 때문이다.

볼사 궁전은 19세기 중반, 여왕 마리아 2세가 왕권의 권위를 드높이기 위해 웅장한 신고전주의 양식으로 세운 건축물이다. 외관은 다소 투박하지만 내부는 전혀 다르다. 특히 무도장인 아랍 홀Salao Arabe은 당대의 풍요와 사치가 극에 달했음을 보여준다.

건축가 구스타보Gustavo는 그라나다 알람브라 궁전에서 영감을 받아 실내 장식을 완성했다고 한다. 하지만 내가 이곳에 온 진짜 이유는 궁전 앞에 서 있는 엔히크 왕자를 만나기 위해서였다.

잘 알려진 포르투갈 출신의 축구 스타 크리스티아누 호날두Cristiano Ronaldo는 몇 년 전 두 가지 영예로운 상을 받았다. 하나는 FIFA '올해의 선수상The Ballon d'Or, 발롱도르', 다른 하나는 포르투갈의 최고 훈장인 'The Order of Prince Henry'였다. 헨리 왕자(포르투갈어는 엔히크)가 누구이기에 국가 최고의 훈장을 상징하게 되었을까?

유럽 역사상 '바닷길'을 개척하는 데 선구적 역할을 한 국가는 포르투갈이었다.

15세기부터 약 150년간 목숨을 담보한 탐험 정신으로 아프리카에서 동아시아에 이르기까지 미지의 바닷길에 도전장을 던졌다. 그 선두에 선 인물이 바로 엔히크 왕자였다. 그는 후일 왕이 되었지만, 젊은 시절의 업적을 기리며 영국을 비롯한 유럽 국가들은 그를 '항해 왕자 헨리Prince Henry the Navigator, 1394~1460'라 불렀다.

이 대목에서 꼭 짚고 넘어가야 할 것이 있다.

미지의 항해, 즉 '발견', '도전', '탐험'이라는 말은 서구인의 관점이다. 사실 그런 표현 자체가 어불성설이다. 역사는 늘 강자의 언어로 기록되었기 때문이다. 정작 '탐험당한' 나라와 '발견당한' 민족은 오래전부터 그 땅에서 살아왔고 '발견' 때문에 고난의 역사가 시작되었을 뿐이다.

그 과정에서 인간은 노예로, 곡물·후추·상아·황금 등 산물産物은 사정없이 수탈당했다. 그도 모자라 탐험 국가가 '발견'한 땅은 자랑스러운 식민 영토로 둔갑했고, 그 위에서는 총, 칼이 난무하며 피지배자를 마음껏 유린했다. 이것이 기독교의 자비와 인권, 인본주의를 외쳤던 유럽 제국의 '식민지 잔혹사'였다.

'내비게이터' 엔히크

1415년, 리스보아(리스본) 항구. 200여 척의 전함이 집결했다.

기함에서 포르투갈 국왕 주앙 1세의 명령이 떨어졌다.

"선수를 남으로 돌려 전진하라! 목표는 세우타Ceuta 점령이다!"

세우타는 북아프리카 모로코의 돌출한 반도였다. 당시 이곳은 이슬람 세계의 무역 중심지이자, 스페인 남부 그라나다 왕국 나스르 왕조의 생명줄이기도 했다. 8월 21일 새벽, 포르투갈 함대는 방어 요새를 향해 일제히 공격을 개시, 불과 13시간 만에 세우타를 함락시켰다.

선봉에 선 장수는 엔히크였다.

왕은 귀국길에 오르며 그를 세우타 총독으로 임명했다.

세우타에는 엔히크가 처음 보는 신기한 물건들이 가득했다. 대상隊商들이 사하라 사막 남쪽과 멀리 인도, 중국에서 가져온 후추·생강·계피·정향clove·육두구nutmeg 같은 향신료와 비단·양탄자·금·은·도자기·상아 등이었다. 그가 가장 눈독을 들인 것은 향신료였다. 세우타에 이런 물품을 취급하는 상점이 무려 2만 4천 곳이나 있었다니, 당시 세우타가 얼마나 번성한 도시였는지 짐작할 수 있다. 하지만 대상들의 발길이 끊기자 이제는 포르투갈이 직접 나서야 했다.

4년간의 세우타 통치를 마치고 귀국한 엔히크는 포르투갈 남부 해안 사그레스Sagres에 항해연구소 및 조선소를 세웠다. 이곳에서 해도海圖를 제작하고, 사분의四分儀같은 원양 항해 기구를 만들었다. 무엇보다 그는 각종 범선海圖을 고안해 조선 기술을 한층 업그레이드했다.

그 성과 중 하나가 캐러벨선caravel이었다. 길이 20m, 폭 8m, 약 50톤의 소형선이었지만, 노 없이 바람의 각도

↑ 캐러벨선. 마스트 3개의 삼각 범선으로 맞바람에도 전진이 가능하다. ↓ 캐랙선. 삼각돛과 사각돛을 함께 장착하여 풍향에 관계없이 전진이 가능한 대형선이다.

만으로 먼 바다를 항해할 수 있었다. 흘수吃水가 얕아 해안을 따라 항해하기 적합했고, 삼각돛을 달아 맞바람에도 전진할 수 있었다. 여기서 한 단계 더 업그레이드시킨 것이 대형선 캐랙선carrack이었다. 이 배는 맞바람을 비켜가는 삼각돛 및 뒷바람을 받는 사각돛을 함께 장착했다. 대형선이라 많은 인원과 식량은 물론 대포까지 장착할 수 있었다.

엔히크가 주도한 조선 기술의 발전은 대항해 시대 개막의 결정적 단초를 제공했다.

포교와 교역의 쌍두마차

포르투갈이 위험을 무릅쓰고 대서양에 진출한 목적은 교역과 기독교 포교였다.

당시 유럽에서는 종교개혁으로 프로테스탄트가 '득세'하자 가톨릭이 위기에 봉착했다. 원래 군대에서도 신참이 군기가 세듯, 뒤늦게 유럽 기독교권에 편입된 포르투갈과 스페인이 가톨릭 전파에 총대를 메게 되었다.

한 예로 동남아시아는 물론 멀리 일본까지 선교사를 파송해 포교를 했다. 일본이 말하는 최초 전래 기록은 1549년 8월 15일, 프란시스코 자비에르Francisco de Xavier 신부가 규슈 남단의 가고시마鹿兒島에 도착한 날로부터 친다.

그는 사쓰마 번주(현재의 가고시마 현)의 허가를 받아 포교를 시작했다. 불과 30여 년 만에 선교사 수는 75명, 교회는 200개, 신도는 15만 명에 이르렀다.

문화적 전통이 전혀 다른 일본에서 '기리시
탄(크리스천)'이 먹혀들어간 이유는 무엇일까?
교리의 설득보다는 서구 신부의 인간성과 모범
적인 행동 때문이었다. 당시 타락했던 불교 승
려에 대한 염증과 서구의 신기한 문물이 신도
확장에 큰 몫을 담당했다는 말이다. 호기심 많
은 그들 눈에 확 띈 것은 뎃뽀鐵砲, 즉 조총鳥銃이
었다.

일상생활에서는 당구撞球, 빵(포르투갈어 판
pao), 튀김인 뎀뿌라tempora(포르투갈어에서 유래),
카스테라(스페인 카스티야 지방의 빵), 고도방 가
죽(스페인 코르도바산 말가죽) 등이 퍼졌다. 학술
적인 용어로는 아랍의 영향을 받은 '영zero'의
개념, 알코올al-chol, 알칼리al-cali 등이다.

대항해 시대 포르투갈인을 상징하는 그림

위험이 따르더라도 고수익이 예상되는 사업에 진출하는 기업을 벤처
기업이라고 한다. 그것이 성공하려면 신기술과 더불어 결단력(모험심)이
필요하다. 그렇다면 벤처 기업은 '근래에 생겨난 기업 형태가 아니다'라
고 할 수 있다.

약 500여 년 전인 15세기, 포르투갈 상인들이 보여준 도전 정신은 오
늘날 벤처 기업의 효시라 할 수 있다. 지금은 '벤처'라고 해도 생명이 걸
린 위험을 감수하는 것은 아니지만, 그 시대 대서양에 진출하는 선원과

상인은 목숨을 걸어야만 했다.

당시의 '벤처 아이템' 1호는 향신료香辛料, spice.

이것은 음식의 풍미를 더하는 양념 정도로 알지만, 그때의 목적은 육류의 저장이었다. 냉장고가 없으니 저장은 사치품이 아니라 필수품이었다.

그런데 향신료는 풍토나 기후로 보아 유럽에서 재배 불가능한 희귀품이었다. 주요 산지는 아프리카 일부 지역과 인도를 비롯한 동남아시아였다.

지금이야 향신료가 마켓에 널려 있지만, 중세 유럽에서는 그 분량에 해당하는 금값과 맞바꿀 정도로 값비싼 수입품이었다. 당시는 이것을 약국에서만 팔았다. 손님이 사러 오면 한여름에도 창문을 꼭꼭 닫았다고 한다. 왜냐하면 바람에 미량이라도 날아가면 손해였기 때문이다.

포르투갈보다 늦게 대서양에 진출한 스페인은 마음이 급했다. 이때 제노아 출신의 '벤처 사업가' 콜럼버스가 제 발로 걸어들어왔으니 얼마나 반가웠을까. 결과적으로 두 나라 다 포교와 향신료 무역 항로를 개척하려 한 것이 대항해 시대를 연 결정적 계기가 되었다.

노예, 그 잔인한 교역품

인간의 욕망은 끝이 없다.

15세기 새로운 바닷길이 열리고 '새로운 땅'이 생기자 문명은 급속히 팽창했다. 유럽 사회에는 많은 노동력이 필요했다. 이때부터 아프리카는 인력 공급처로 전락했다. 포르투갈은 대항해 시대 초기부터 미개한 아프리카인을 노예로 삼고자 무진 공을 들였다. 한마디로 향신료 수입과 더불어 노예무역은 재미 쏠쏠한 벤처 사업으로 급부상했다.

16세기 중엽, 포르투갈은 식민지 브라질에 대규모 사탕수수 공장을 건설했다. 큰 땅덩어리에 대규모 공장을 돌리려니 많은 노동 인력이 필요했다. 노예무역의 선두주자답게 아프리카에서 노예들을 대거 들여왔다.

이를 본 영국, 프랑스, 네덜란드, 이탈리아, 벨기에 등 유럽 각 나라들은 죽은 코끼리에 달려드는 하이에나마냥 경쟁적으로 아프리카를 뜯어먹기 시작했다.

이때부터 아프리카 대륙은 유럽 제국에 의해 만신창이가 되고 말았다.

대항해 시대 초기부터 19세기 초까지 아프리카에서 유럽이나 아메리카로 떠난 노예의 수는 약 1,500만 명 정도로 추정한다. 항해 도중 사망한 노예의 수는 승선자의 10~15%로 본다. 엄청 높은 수치다.

주로 질병이나 영양실조였다. 열악한 환경에 너무 괴로워 죽으려고 금식하면 강제로 입을 벌려 음식물을 밀어넣어 살렸다. 작은 배에 '과적'을 해, 풍랑을 만나면 선박의 안전을 위해 일부 노예를 결박한 채 바다에 던져버렸다. 그런 다음 유럽에 도착해 보험회사에 해손海損 '클레임'을 청구해 보상을 받았다.

나는 이것이 알고 싶다.

교회를 다니고 하느님을 신봉하는 인간이 어찌 이런 일을 수백 년 자행했는지. 그들은 '덜 깨인 죄'로 노예 사냥꾼에게 잡혀 가족과 생이별해 객지에 팔려나갔다.

짐승과 달리 희로애락을 표현하는 인간 아닌가!

유럽 사회에 계몽주의 사상을 확립하고 민주주의 삼권분립의 법률체계를 기초한 몽테스키외Montesquieu, 1689~1755. 그는 위대한 계몽사상가로 존경받는 인물이다. 그런 그가 아프리카 노예에 대해 이렇게 말했다.

"유럽 민족은 토지 개척을 위해 노예를 부릴 의무가 있다. 그들의 코는 너무 납작하여 동정한다는 것은 불가능하다. 신은 고결한 영혼을 새까만 육체 속에 깃들게 했다고 도저히 생각되지 않는다. 만약 우리가 그들을 인간이라고 생각한다면 우리는 기독교인이 아니라는 의심을 받을 것이다."

소수이긴 하지만 반대 의견을 가진 사람도 있었다. 미국의 시인이자 목사, 사상가인 에머슨Ralph. W. Emerson, 1803~1882이다.

"흑인의 전 역사는 비극이다. 항상 고난을 받고 살아야 할 운명을 타고난 그들은 도대체 무슨 저주받을 신성모독을 저질렀단 말인가. 그들은 밖에 나가기만 하면 모욕 세례를 받는다!"

대개의 현대인의 관념은 이런 유럽인의 '노예매매 잔혹사', 혹은 '겉 다르고 속 다른 이중성'을 학교에서 책으로 간접적으로 습득한 결과다.

하지만 나는 노예의 실상을 아프리카 땅에서 실제 내 눈으로, 내 귀로 직접 체험했다.

블랙 아프리카의 종주국, 그리고 'Kill and Go'

살아온 날보다 살아갈 날이 얼마 남지 않은 탓인가.

갈수록 세상이 아름답게 보인다. 꽃이 피면 피어서 아름답고, 꽃이 지면 져서 또 아름답다. 날씨가 맑으면 파아란 하늘이 쾌청해서 좋고, 비가 내리면 그윽한 비의 정취가 그렇게 좋을 수 없다. 이럴 땐 하고 싶은 이야기가 많아진다.

이제는 마지막(?) '남기고 싶은 이야기'겠다.

나는 1970년대 중반 건설회사에 신입사원으로 입사했다.

그 무렵 온 나라를 광풍처럼 휩쓴 건 '해외 지향' 바람이었다. 공부를 계속해 학위를 받으려 해외로, 가발·신발·타이어·원단·와이셔츠 등을 팔기 위해 해외로, 건설을 위해 동남아와 중동, 아프리카로… 육대주 오대양 어디에나 한국인의 발걸음이 분주했다. 부존자원이 없는 우리는 머리와 온몸으로 부딪쳐 밖에서 재화를 들여와야만 했다.

나 역시 젊은 날 아프리카 여러 나라에서 10여 년의 세월을 보냈다.

그중 3년을 나이지리아에서 석유화학 공장과 질소비료 공장 건설 업무에 종사했다. 세계 7위의 막대한 석유 매장량을 가진 이 나라는 개발과 더불어 급격한 산업화로 사회는 몹시 혼란스러웠다. 부정부패가 극심해 이게 나라인가 생각할 정도였다. 사기꾼은 애교 정도이고 대낮에도 무장강도가 횡행했다.

대도시 라고스^{Lagos}는 치안 상태와 교통체증이 최악이었다. 거리에 차량은 많은데 차선, 신호등이 없다. 외국인(주로 유럽 사람)이 운전 중 현지 인과 시비가 벌어져 다투다가 몰매 맞아 그 자리에서 죽었다는 얘기도 심심찮게 들려왔다. 길거리 하수구에 시체가 처박혀 있어도 치우는 사람이 없다. '이런 나라에서 살아 돌아가기만 해도 다행'이라는 생각이 들기도 했다.

'나이지리아' 하면 아직도 우리 기억에 남아 있는 것은 '비아프라 내전 Biafra War, 1967~1970'이다. 1960년 영국으로부터 독립한 나이지리아는 이슬람과 기독교, 토착신앙이 뒤섞인데다, 종족 분쟁의 역사를 지니고 있었다. 내전은 북부의 무슬림 하우사족과 남동부의 기독교 이보족 사이에서 일어났다. 1966년 하우사족 고원 장군이 쿠테타로 정권을 잡자, 이보족 오주쿠 중령이 비아프라 공화국Republic of Biafra을 세우겠다고 선언했다.

비아프라 지역은 나이지리아의 유일한 수출품인 석유가 나는 곳으로 중앙정부로서는 절대 포기할 수 없는 곳. 곧바로 전쟁으로 확대되었다. 전쟁 중 비아프라 측 이보족 양민 100만 명 이상이 굶어 죽어 아직도 치유하기 힘든 상흔을 남겼다.

1980년대 중반, 당사는 와리Warri라는 인구 50만 정도의 나이지리아 중부 소도시에 석유화학 플랜트 공사를 시행했다. 공사 현장에서 월말 노임勞賃은 현금 지급이었다. 경리 담당자가 은행에 큰돈을 인출할 때 주위 현지인들의 번뜩이는 눈초리들, 공포 그 자체다. 회사는 경찰 당국에 경리 직원의 신변보호 및 현금 안전 수송을 위해 '경찰 특공대'를 요청해야

나이지리아 석유화학 공장 공사 현장 인근에서 대민교류 및 봉사활동 중인 필자

만 했다. 치안 부재의 이 나라 경찰 특수조직이다.

경찰이지만 물론 공정가격(?)을 지불해야 한다. 탄띠를 가슴에 X자로 두른 이들 특공대의 별칭은 'Kill and Go'. 이름부터 살벌하다. 이들이 '떴다' 하면 강도는 물론 일반인도 벌벌 떨었다. 만약 현금을 노리고 따라오는 사람이나 차량이 있으면 구소련제 AK47 자동소총을 조준사격으로 사정없이 갈겨댄다.

죽든 말든 뒤처리는 그들 일이 아니었다.

'노예해안'에 있는 노예박물관을 찾아서

1983년 가을로 기억한다.

한국에서 오는 건설 기자재 통관을 위해 항구에 갔다가 노예박물관을 방문한 적이 있다. 라고스 근처 아파파Apapa란 지역이었다.

이제는 세월이 많이 흘러 기억이 아련하지만, 그때의 상황을 차분히 더듬어본다.

동행자는 나와 같은 사무실에서 근무하는 현지인 조수 '오다마'란 나이지리아 북부 하우사족 출신이었다.

이 라고스 일대 바다는 과거 '노예해안Slave Coast'이라는 오욕汚辱의 지명이지만, 그래도 이런 박물관이 존재한다는 것만으로도 내겐 놀라움의 대상이었다.

나는 학창 시절 역사, 지리에 흥미가 있었고, 성적도 괜찮은 편이었다(다른 과목에 비해서 그렇다는 것이니 오해 없기 바란다). 그때 세계지리 시간에 배운 서부 아프리카 해안의 지명들이 노예해안, 상아해안, 황금해안, 후추해안, 곡물해안 등이었다(참고로 상아해안은 영어로 '아이보리 코스트', 불어로는 '코트디부아르'인데, 그대로 나라 이름이 되어버렸다).

이 서부 아프리카 '5대 해안'에 대해 "참, 바다 이름도 특이하구나…" 하며 의문을 품어왔기 때문에 버킷 리스트에 써놓았다. 세월이 흘러 내가 성년이 되어 드디어 이곳 노예해안에 있는 노예박물관을 찾았으니, 그날의 감회는 잊을 수가 없다.

건물은 낡고 허름했으며, 내부 역시 어둡고 초라했다.

전시물은 족쇄, 쇠사슬, 채찍, 그물 등 몇 가지 섬뜩한 도구들과 빛바랜 사진들이었다. 지금도 기억나는 것은 남녀노소를 불문하고 전라全裸로 경매대에 서 있는 사진. 그리고 노예 역사의 개요가 적힌 패널이었다. 눈에 확 들어온 문구가 아직도 기억에 남는다. 건장한 노예 250명을 경매한다는 'NEGROES FOR SALE'이라는 제목의 포스터였는데, 천연두에 걸리지 않도록 주의를 기울였다는 문구도 있었다.

'To be sold Negroes 250, Danger of being infected with the Small-Pox.'

잠시 후 요루바족 박물관 학예사가 나와 반갑게 인사하며 친절히 설명해주었다. 그의 영어는 투박한 '니글리시Nigerian-English(나이지리아식 영어)'였지만 유창했다.

"1472년에 유럽인 최초로 포르투갈 사람이 들어왔고, 1498년에 바스쿠 다 가마의 대규모 탐험단이 이곳 라고스 땅을 밟았지요. 그들은 이곳 지명을 자국 남단에 있는 항구 라구스Lagos(포르투갈식 발음)의 이름을 그대로 붙였습니다. 그리고는 '뭐 좀 빼앗아갈 것이 없나?' 살펴보니 '인간'밖에 없었죠. 바로 맷집 좋은 노예감이라 판단했습니다. 그리고 여기서 노예를 실어 나가다 보니 이 지역 바다 이름이 '노예해안'이 되어버렸죠."

참고로, 나이지리아에는 200개가 넘는 종족이 있지만 크게 세 가지로 나뉜다.

체구는 작지만 머리 회전이 빠른 요루바Yoruba족, 북부 고원지대에 사는 덩치 크고 우직한 하우사Hausa족, 비아프라 내전으로 많은 피해를 당한 남동부 이보Ibo족이다. 이 세 종족은 생김새는 물론 언어, 풍습, 역사, 종교 등 모든 것이 판이했다. 그러니 서로 사이좋을 턱이 없다. 내가 근무하던 당사 라고스 지사만 해도 현지인을 고용할 때 견제와 균형을 위해 세 부족을 골고루 채용했다.

치아가 '물건값'을 결정

영민한 포르투갈 노예 상인들이 '세 부족의 관계'를 놓칠 리가 없었다.

그들은 요루바족을 '앞잡이'로 내세워 하우사족을 붙잡아오게 했다. 짐승 사냥을 하듯 투승投繩이나 투망投網을 썼다고 했다.

포르투갈 노예업자는 라고스 항구에 무역선을 대놓고, '신체검사'를 마친 노예들을 요루바족들에게 적절한 대가를 지불하고 굴비 엮듯 묶어 '선적船積'만 하면 되었다. 대가라 해봐야 구슬이나 장신구 따위의 몇 푼 안 되는 시덥지 않은 물품이었다.

학예사는 당시 노예의 가격 기준에 대해 설명했다.

"우선 육안으로 남녀, 체격, 대충 건강 상태 등을 살펴보고 탈락 여부를 결정했죠. 그다음은 정밀검사, 즉 '기대여명'이 관건이었으니, 노동 강도 및 향후 노동 시간의 판단이었습니다. 치아의 개수와 그 상태가 주요 근거였죠. 이것으로 노예의 입을 강제로 벌려 구강을 살펴보고 향후 얼마나 더 살지 그는 엿장수 낡은 가위 비슷한 개구기開口器, mouth gag를 보여주었다.

그의 설명을 들은 나는 학예사에게 이 질문을 하지 않을 수 없었다.

"그럼 탈락된 노예들은 어떻게 했을까요? 다시 돌려보냈을까요?"

"아니죠. 쓸모없는 '물건'은 곧바로 폐기 처분했지요."

내 얼굴은 더 이상 실색失色할 것도 없이 창백해졌다. 동행했던 조수 오다마 군이 괜찮은지 여러 번 물어볼 정도였다. 다시 한 번 과거 유럽인들의 잔혹성을 느끼며 참담한 심정으로 박물관을 나왔다.

두 바퀴 나그네는 '유럽인에 의한 수난의 아프리카 역사 기행'은 일단 차후로 유보했다. 이번엔 오로지 '이베리아 반도 인문기행'에만 전념키로 마음먹고 안장에 올랐다.

서양과 동양의 '과거사 신경전'

1998년, 포르투갈은 바스쿠 다 가마의 인도 항로 발견 500주년 축하 행사를 성대히 열었다. 그로부터 불과 7년 뒤인 2005년, 중국은 정화鄭和, 1371~1435의 남해 대원정 600주년을 기념일로 선포했다. '중국은 육상대국이자 해양대국'이라며 대대적인 행사를 벌였다. 전국적으로 대형 기념물을 세우고 우표를 발행하며 각종 세미나를 개최했다. 마치 포르투갈의 500주년 기념식을 비웃기라도 하듯이.

"닫힌 것은 죽고, 열린 것은 산다."

정화의 거대한 서양취보선과 콜럼버스의 기함 산타마리아호 비교

정화. 원래 성은 마(馬)씨로 아랍계 출신이다.

정화의 말이다. 그는 우리에게는 생소하지만, 중국에서는 전설적 인물이다. 영락제永樂帝, 재위 1403~1424는 환관 정화에게 엄명을 내렸다.

우리는 탐험가라면 당연 콜럼버스나 바스쿠 다 가마, 마젤란 등 서구인들을 떠올리는데, 정화에 대해 잘 살펴보면 이런 고정관념은 산산이 깨진다.

1492년, 콜럼버스의 기함 산타마리아호는 길이 27m, 폭 9m로 200톤 정도인 데 비해, 한 세기 앞서 정화가 타고 나갔던 '서양취보선西洋取寶船('서양에서 보물을 가져온다'는 뜻)'은 길이 120m, 폭 40m, 1,500톤급이었으니 말이다.

선단의 규모에서도 단 3척으로 떠난 콜럼버스와는 비교 대상이 아니었다.

〈명실록〉에 의하면 1407년 서양으로 보낼 사신을 위하여 249척의 배를 완성했고, 1408년에 48척, 1419년에는 41척을 완성, 정화를 위해 총 343척을 건조했다.

바람을 이용한 대형 범선, 정크선junk船이라 하는데 중국어 크다는 뜻의 '진커'에서 온 말이지, '쓰레기(정크)'와는 무관하다. 내부는 격벽隔壁(칸막이) 구조로 외부 충격에 배의 일부만 침수되도록 안전성을 제고했다.

나는 '중국식 과장'인가 하며 쉽게 믿기지 않았지만, 역사적 자료들이 방증하고 있으니 받아들일 수밖에 없다. 영국의 항해 관련 저술가 개빈 멘지스Gavin Menzies, 1937~는 〈1421년은 중국이 세계를 발견한 해〉라는 책을 통해, 당시 항해 지도와 선박 잔해가 미국에 존재한다며 이렇게 썼다.

"정화가 콜럼버스보다 71년 앞서 아메리카 대륙을 발견했다."

중국의 과거 오류를 타산지석으로 삼아야 한다!

1999년, 〈뉴욕 타임스〉는 정화를 '동서 교류의 상징'으로 선정했다.

그는 운남성 출신으로, 원래 성은 마馬씨였다. 무함마드에서 유래된 이름을 가진 이슬람계, 즉 회족回族 출신이었다.

정화는 1405년 첫 원정에 나섰다. 수백 척의 배에 선원, 군인, 상인, 통역사, 의사 등 2만 7천여 명을 동원, 28년간 7차례 '바다의 비단길'을 개척했다.

그의 원양 항해는 1498년 바스쿠 다 가마의 인도 항로 개척보다 93년이나 앞섰다. 유럽의 항해가 민民 주도였다면, 중국은 관官 주도였다. 이런 점에서 볼 때 동서양의 원양 원정 성격은 사뭇 달랐다. 유럽인은 개인적 부富가 동기였고, 중국은 왕의 권위, 즉 중화세계를 알리려는 정치적인 의도에서 출발했다.

한때 잘나가던 바다의 영웅 정화는 600년간 잊힌 인물이었다. 그 이유는 무엇일까. 정화가 7차 항해를 마치고 귀환했을 때 그를 기다리고 있던 것은 '원양 항해 금지'라는 청천벽력 같은 칙어였다.

정화는 곧바로 난징 사령관으로 좌천되었다. 해양대국의 지위를 스스로 내려놓은 셈이다. 예일 대학의 폴 케네디 교수는 〈강대국의 흥망사〉에서 주장했다.

이렇게 되는 데 채 300년이 걸리지 않았다. 그 후 중국은 유럽 여러 나라, 일본 등에 얼마나 많은 시련을 당했는가.

중국은 뒤늦게 지나간 역사의 오류를 깨달았다.

현 시진핑 정부는 "중국의 미래는 바다로 나아가는 데 있다"며 항공모함과 잠수함 건조에 박차를 가하는 등 강력한 해양굴기海洋屈起 정책을 펴고 있다. 최근 서해바다 한중 간 배타적 경제수역EEZ인 민감 지역에 직경 50m, 높이 50m의 대형 철골 구조물을 설치했다. 민간 어업용이라 강변하지만, 헬리콥터도 착륙할 수 있는 군사 거점임은 두말할 필요가 없다.

현장에서 떠오른 '두 바퀴 나그네'의 생각이다.

중국의 성장 잠재력으로 볼 때, 강력한 해양 정책이 완성되면 세계사적 대변화가 일어날 것이다. 이에 인접국 우리도 서둘러 대응책을 마련해야만 한다.

2005년 남해 원정 600주년을 기념해 제작된 정화의 기함 모형

두 해양 강국의 안목

세계지도에서 우리나라를 보면 중국 대륙 한 귀퉁이에 달랑 매달려 있는 작은 '혹'에 불과하다. 그러나 땅덩어리가 작다고 비관할 필요 없다.

나는 관점을 한번 바꾸어보았다. 세계지도를 거꾸로, 즉 물구나무를 세워보면 이 '혹'은 태평양으로 향하는 허브가 된다. 한마디로 한반도는 해양 관점에서 보면 '명당'인 셈이다. 우리는 이 땅에 살면서도 명당의 진가를 모르고 있다.

다음 두 나라, 영국과 일본 사례는 이를 웅변으로 말해주고 있다.

영국

'해가 지지 않는 나라' 영국은 바다를 제패함으로써 세계를 경영하려 들었다.

이 제국주의의 손길이 지구 반대편 조선에도 뻗쳐왔다. 고흥반도로부터 남쪽으로 40km 지점에 있는 거문도巨文島였다. 고도, 동도, 서도의 세 섬으로 구성되며, 면적은 스페인 속의 영국 영토, 지브롤터의 두 배 정도

거문도에 남아 있는 영국군 주둔 흔적

이다.

고종 22년(1885년), 영국은 러시아의 남진을 견제한다는 명분으로 함대를 주둔시켰다. 1천여 명의 수병을 실은 전함 6척과 수송선 2척을 동원했다. 당시로서는 적지 않은 병력이었다. 이름도 자기네 마음대로 해밀턴 항Port Hamilton으로 '작명'까지 했다. 수심 깊은 천연 양항인 이곳을 '동양의 지브롤터'로 만들려고 2년 동안 함대를 주둔했다.

그러나 본국과 거리도 멀고 러시아, 청나라, 일본 등 조선 주위의 만만찮은 나라들이 '뜸'을 들이고 있어, 별 소득이 없겠다 판단했는지 1887년 철수하고 만다.

그래도 미련을 버리지 못하고 같은 섬나라 일본을 앞세웠다.

세 번에 걸친 영일동맹(1902, 1905, 1910년)이 이런 사실을 잘 말해준다. 러일전쟁 때 함선이나 신형 포탄은 거의 영국에서 제공, 러시아 발틱 함대를 격파하는 데 큰 힘을 보탰다.

일본

섬나라 일본 역시 해양 강국이다.

그들은 특히 제주도를 동아시아의 군사 전략적 요충지로 생각했다.

일제 강점기에 제주 주민을 강제 동원, 비행장(제주식 지명 '알뜨르 비행

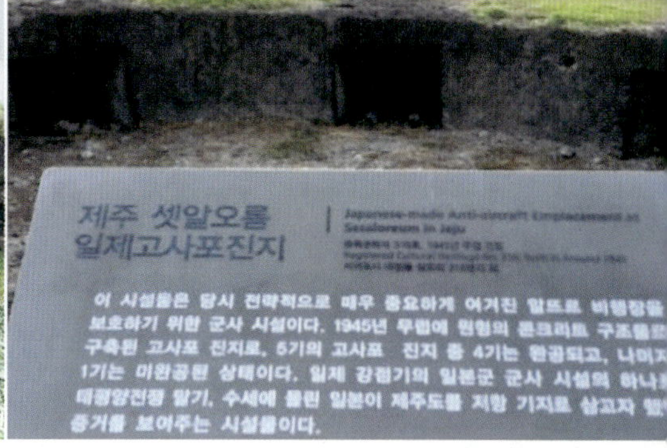

◀ 제주 알뜨르 비행장의 일제 격납고 ▶ 알뜨르 비행장 방어를 위해 구축된 일제 고사포 진지 흔적

장')을 건설했다. 1937년 중일전쟁 때 여기서 폭격기가 중국을 향해 발진했다. 근 100년 전에 만든 격납고가 아직 건재하고, 송악산 해안절벽 여러 곳에 동굴을 파서 구축한 포대 진지도 원형 그대로 남아 있다.

1945년 8월, 일제는 무조건 항복을 선언, 조선을 떠났다.

그러나 제주도만은 '미련'이 있었다. 근거는 바로 '샌프란시스코 협약'이다. 1951년 연합국과 일본이 태평양 전쟁 전후 처리를 위해 맺은 약조였다. 일명 '대일 강화조약Treaty of peace with Japan'이다. 조약 제2조(a)는 이렇다.

"일본은 한국에 대한 독립을 인정하고 제주도, 거문도 및 울릉도를 포함한 한국에 대한 권리 및 청구권을 포기한다."

우리도 바다의 영웅이 있었다!

↑ 완도 장보고 기념관 전경
↓ 완도 장보고 기념관의 장보고 상

과거 해양 강국이었던 포르투갈 땅에서 나는 문득 한 인물을 떠올렸다.

정화보다 600여 년이나 앞서 동아시아의 바다를 주름잡았던 우리의 선조, 바로 장보고張保皐(본명 궁복)였다.

무예에 뛰어나 청년 시절 중국 당나라로 건너가 서주徐州 무령군武寧軍 간부, 즉 고급 장교가 되었다. 당시 그 지역에는 신라인이 많이 살고 있어 중국인은 '신라방'이라 불렀다. 이들의 내륙 수운을 이용한 교역과 신라, 일본을 왕래하는 국제무역상까지 있었다. 이즈음 장보고는 산동 반도와 수운水運의 요충지인 소주에 해양 기지를 만들었다. 828년, 때맞추어 신라 흥덕왕은 청해진 대사靑海鎭 大使라는 새로운 관직을 하사했다.

9세기 중엽까지 청해진은 국제 해상 무역의 중심지였다.

장보고는 산동성 문등현文登縣 적산촌赤山村에 법화원法華院을 건립하고 이를 지원했다. 이 절은 상주常主 승려만 30명이고, 연 500석을 추수하는 장전莊田을 가진 큰 절이었다. 중국은 지금도 그곳을 사적지로 정하고 장보고 공덕비를 세우는 등 업적을 치하하고 있다.

당나라 시인 두목杜牧, 803~852은 장보고를 가리켜 이렇게 말했다.

846년, 장보고는 본의 아니게 신라 왕위 계승 분쟁에 휘말려 암살당하
고 만다. 근 20년 '해상왕'의 시절을 누렸다. 우리의 해상 세력은 역사 속
으로 사라졌지만, 그 DNA가 충무공 이순신에게 전해져 나라를 지키는
데 결정적 힘을 더했다.

대륙(중국)에 기대어 사는 것을 당연
시하고, 그것을 숙명처럼 여기던 시대
의 관점에서 보면 장보고는 '미천한 뱃
사람의 일탈'에 불과했다. 그러나 오늘
의 관점에서 보면 그는 미래를 통찰한
선구자였다.

바다는 지정학적 숙명!

과거 조선 통신사 일행으로 쓰시마對
馬島, 대마도를 방문한 신유한은 〈해유록海
遊錄〉에서 이렇게 기록했다.

↑ 중국 산동 반도에 위치한 법화원 ↓ 법화원 경내의 장
보고 공덕비. '청해진 대사 장보고 공적비'라는 글귀가
새겨져 있다.

당시 왜구의 폐해가 심각하자 조선 조정은 결국 쓰시마 정벌을 단행했다. 역사에서는 이를 '기해동정己亥東征'(1419년)이라 부른다. 이종무 삼군도체찰사三軍都體察使가 227척의 배와 수군 1만 7천 명을 이끌고 응징하자, 대마도주 소 사다모리宗貞盛는 "우리 좀 먹고 살게 해주시오"라고 읍소하며 조선에 복속服屬을 요청했다.

이에 조선 조정은 그에게 '종일품 판중추원사 겸 대마주도제사從一品判中樞院使 兼 對馬州都制使'라는 긴 이름의 관직을 하사하며 이곳을 경상도의 속주로 편입시켰다. 그후 더 이상의 아무런 액션은 없이 방치해버렸다.

아… 이런! 다시 없을 천재일우의 기회를 놓치다니. 조상들의 미래에 대한 부족한 통찰에 깊은 회한이 스쳐지나간다. 지나간 과오를 곱씹어본들 현재에 무슨 도움이 되겠는가마는, '다시는 반복하지 말아야겠다'는 역사적 교훈으로 받아들여야 한다.

최근 제주도 서귀포시에 해군기지를 건설한 것은 일부의 반대를 무릅쓴 결정이었지만, 정책적으로는 분명 탁견이었다. 축구장 75개 넓이에 해당하는 부지에 기동함대 사령부와 잠수함 사령부가 주둔하고 있으며, 15만 톤급 크루즈선도 접안할 수 있다. 시간이 걸리더라도 더 보완하고 확장해 동북아 최고의 해군 요충지로 만들어 주변국 누구도 대한민국의 바다를 넘볼 수 없게 해야 한다.

제주도뿐만 아니다. 남·서해의 주요 도서, 동해의 울릉도, 독도는 말할 것도 없다. 한국의 해양 토목 및 조선 기술은 자타가 공인하는 세계 최고 아닌가!

3면이 바다인 우리는 당연히 바다로 나아가야 한다.

왜 북한을 경유하는 '대륙철도'를 천문학적인 돈을 들여 만들려는지 나는 이해할 수 없다. 물론 대북 관계가 좋을 때였지만. 13시간 걸리는 비행기도 지루하기 짝이 없는데, 일주일을 걸려 런던, 파리, 암스테르담을 왜 간단 말인가.

유람 삼아 '낭만의 시베리아 횡단열차'를 이용하듯 소수의 관광객은 있을지 모른다. 화차^{wagon}의 용량으로 보아 물동량을 처리하는 데 대륙철도는 거의 득이 없다.

바다가 정답이다. 후대를 위해 해양 강국의 기치를 걸고 바다로 뻗어나가야 한다. 이는 지정학이 우리에게 내린 명령이다.

코임브라 대학

Chapter 3

코임브라와 중부

시간과 학문이 머문 영원의 도시

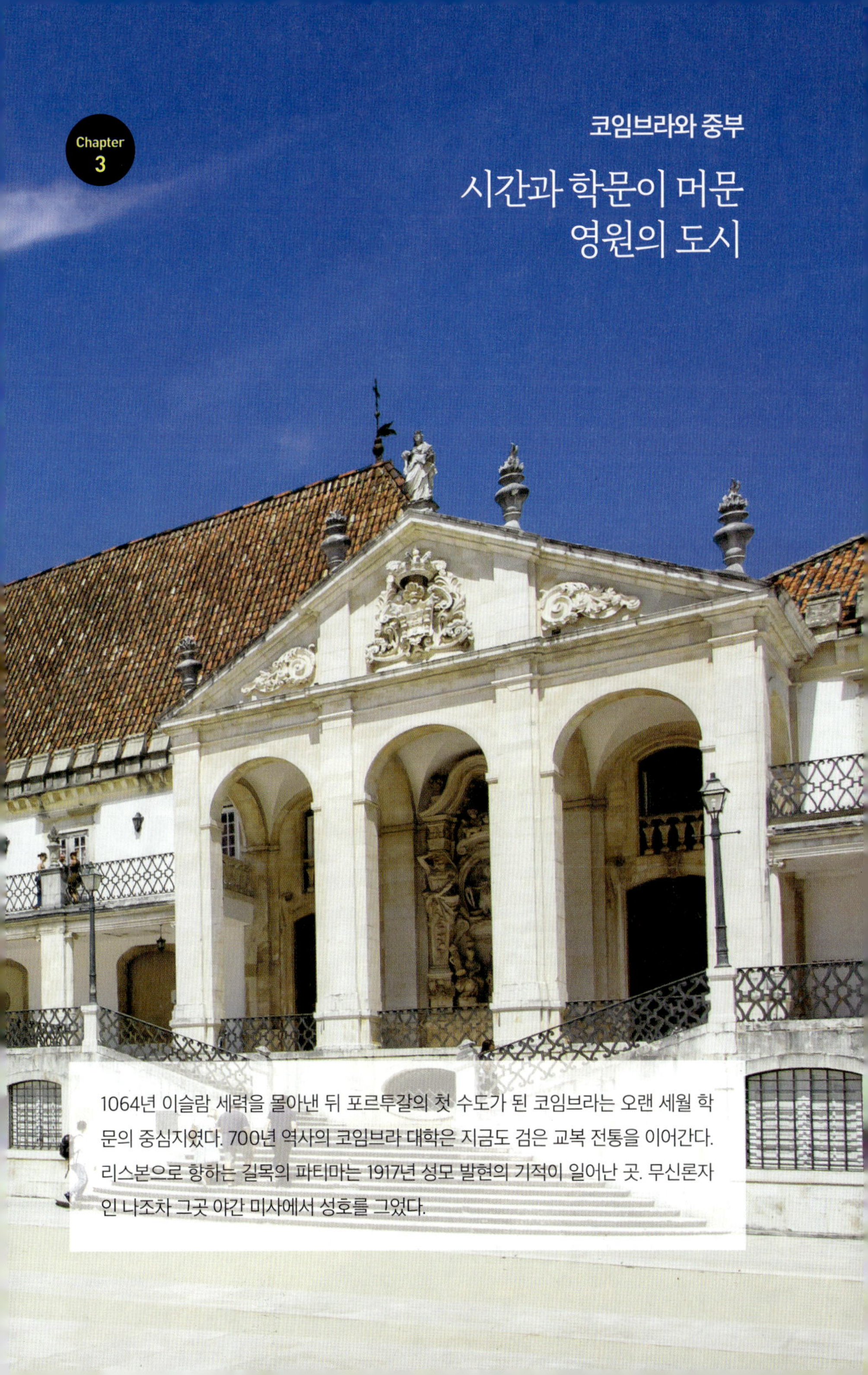

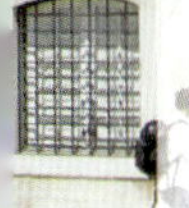

1064년 이슬람 세력을 몰아낸 뒤 포르투갈의 첫 수도가 된 코임브라는 오랜 세월 학문의 중심지였다. 700년 역사의 코임브라 대학은 지금도 검은 교복 전통을 이어간다. 리스본으로 향하는 길목의 파티마는 1917년 성모 발현의 기적이 일어난 곳. 무신론자인 나조차 그곳 야간 미사에서 성호를 그었다.

코임브라 전경

현지 동호인들과 함께 달리다!

이른 아침, 자전거에 올라 기수를 남쪽으로 돌렸다.

오늘의 목표는 약 120km 떨어진 코임브라Coimbra. 대서양을 따라 해변도로가 시원하게 뻗어 있었다. 탁 트인 바다를 바라보며 달릴 때는 온갖 시름이 사라진다. '이 맛에 자전거 여행을 하지…' 하며 해변길이 계속 이어지기를 바라는 간절한 심정으로 페달을 돌렸다. 어둡기 전까지 코임브라에 도착하려면 마음이 바빴다.

이정표 - 코임브라 가는 길

아구다Aguda라는 해변 마을을 지날 때 한 무리의 사이클 그룹을 만났다. 장거리를 떠나는 듯 준비운동을 하고 있었다. 옷차림이나 장비로 보아 전문가 그룹은 아니었다. 호기심이 발동해 먼저 말을 걸었다.

"동호회 모임 같은데, 어디까지 가시나요?"

"네, 직장 동료들이 모인 겁니다. 오늘은 남쪽으로 60km 떨어진 아베이루Aveiro까지 갑니다. 가족들도 같이 가고요."

그들은 내 자전거 뒤에 달린 큼직한 포르투갈 국기에 호감을 표시했다.

"한국에서 온 여행자입니다. 같이 라이딩할 수 있을까요?"

"물론이죠. 그런데 짐이 많아 보이는데 우리를 따라올 수 있을까요? 우리는

현지 사이클 동호인과 함께한 잊지 못할 60km 라이딩

여직원들이 추진 차량으로 따라오니 힘들면 타고 오세요."

"'민폐' 걱정 마세요. 맨 뒤에서도 충분히 따라갈 수 있으니까요."

참 인정 많은 사람들이었다. 포르투갈은 우리와 '한限'의 정서를 공유하는 유럽에서 몇 안 되는 나라이기도 하다. '오늘 일진이 참 좋구나' 싶었다.

방향만 같다면 누구라도 앞서거니 뒤서거니 같이 달리면 힘이 덜 드는 것은 자전거 타기의 기본. 또 다른 이유는 이제 곧 해변도로가 끝나고 마을과 마을을 연결하는 좁은 국도를 지나가야 하는데, 무리 지어 달리면 안전을 확보할 수 있어 좋다.

아마추어 동호인들이라 휴식 시간도 여러 번 가졌다. 간식도 같이 나누어 먹으며 통성명도 하고 이메일도 교환했다. 이러니 60km를 가는 데

헤어지기 아쉬워 전원 단체 사진

무려 3시간이 넘게 걸렸다.

이제 헤어질 시간이 왔다.

나는 코임브라를 향해 계속 남진南進이고, 그들은 옆길로 빠져야 했다. '3시간의 정을 떼는데' 다들 몹시 서운한 표정이었다. 추진 차량으로 가져온 샌드위치를 다함께 모여 앉아 나누어 먹었다. 나를 포함해 소감도 돌아가며 다들 한마디씩 했다. 전원 모여 단체 사진을 찍었고, "가면서 드시라"며 런치박스까지 만들어주었다. 헤어질 땐 일일이 '허그hug'로 석별의 정을 나누었다.

그들은 그 자리에 서서 내가 멀어져 사라질 때까지 손을 흔들어주었다.

대서양의 멋진 풍광도, 석양에 비끼는 포르투 항구의 풍광도 인간에게서 느끼는 감동만 못하다. 이 감동의 에너지야말로 내가 세계여행을 계속할 수 있는 원동력이다. 훈훈한 추억을 한 아름 안고 다시 혼자가 되었다.

고도(古都) 코임브라

홀로 젓는 페달은 힘들다.

오늘의 목적지 코임브라가 유독 멀게 느껴진다. 인구 15만 정도의 이곳은 포르투에서 남쪽으로 약 120km, 리스본에서 북쪽으로 약 200km 정도 떨어져 있다. 내륙에 자리 잡고 있으니 보수적인 북부 지방과 개방적인 남부의 개성이 혼재하는 곳이다.

시 외곽에 진입하자 먼저 몬데구 강Rio Mondego이 나를 반긴다. 시원한 강바람을 맞으며 도심으로 향했다. 강변을 따라 오래된 건물들이 늘어서 있다.

도시의 기원은 로마인들이 건설한 코님브리가Conimbriga였다. 얼마 후 외적의 침입을 방어하기 위해 지대가 높은 이곳 코임브라로 옮겼다.

그러나 8세기, 지브롤터 해협을 건너온 무어인에게 정복당하고 만다. 1064년, 이민족을 몰아낸 기독교인들은 내륙 중앙에 위치한 이곳을 포르투갈 왕국의 수도로 정했다. 옆 나라 스페인보다 무려 400여 년이나 앞서 이슬람을 몰아내는 데 성공했다.

포르타쟁 광장Largo da Portagem 부근에 숙소를 잡았다.

코임브라의 중심, 포르타쟁 광장

시 중심부에 위치했지만 가격은 의외로 저렴했다. 대학 도시라 크고 작은 숙소가 많은 영향 때문이었다. 패니어를 떼어낸 단출한 행장으로 시내 주유에 나섰다.

수도원에서의 결혼식

시내 한복판에 자리한 산타 크루즈 수도원Mosteiro de Santa Cruz은 코임브라의 자랑이자 대표적인 볼거리다. 7세기에 착공하여 1131년 완공된 이곳은 '국가 판테온Panteao(경배의 대상이 되는 신전)'으로 불리며, 포르투갈

고색창연한 산타 크루즈 수도원

역사에서 중요한 의미를 지닌다. 포르투갈 최초의 왕 아폰수 엔히크스 Afonso Henriques 와 산초 1세 Sancho I 의 무덤이 이곳에 있다.

건물 정면은 웅장하고, 내부는 아줄레주 타일로 장식해 무척 화려하고 아름답다. 수도원 뒤뜰에는 르네상스 양식의 망가 정원 Jardim da Manga 이 있다. '망가'란 '소매'란 뜻으로, 주앙 3세의 의복에서 형상을 따왔다고 전해진다. 수도원 앞은 분수가 있는 넓은 광장이 펼쳐져 있어 지친 여행자가 쉬어가기 딱 알맞은 곳이다.

내가 찾은 날은 마침 성당에서 결혼식이 열

Just Married!

리고 있었다. 분수 가에 자전거를 세워놓고 예식이 끝나고 나오는 신랑 신부와 담소를 하며 덕담도 건네고 기념사진도 함께 찍었다. 낯선 여행자 에게도 따뜻한 순간을 선물해주었다. 하객들은 오늘의 주인공인 신부를 위해 꽃과 쌀을 뿌렸다. '풍요와 다산'을 기원하는 상징이 주변 비둘기들 을 위한 성찬이 되었다.

검은 망토의 전통, 코임브라 대학

포르투갈 사람들은 본래부터 '바다에 강한 DNA'를 지니고 있다.

1260년 수도를 리스본으로 옮긴 뒤, 통치자 동 디니스^{Dom Dinis}는 수도의 위상을 높이기 위해 대학을 세웠다. 세월이 흘러 1537년 그곳에 있던 대학을 이곳 코임브라로 옮겼다. 오늘의 코임브라 대학^{Universidade de Coimbra, UC}인데, 리스본 시절까지 계산하면 개교 700년이 넘은 만큼 유럽에서도 오래된 대학교 중 한 곳으로 꼽는다.

나는 여행을 할 때 그 나라의 간판격인 대학은 거의 들러본다.

오랜 전통으로 나라의 문화나 정신세계를 선도해왔을 뿐만 아니라 훌륭한 지도자들을 많이 배출했기 때문이다. 더구나 코임브라는 과거에 수도였다니 더욱 구미가 당겼다. 중심 거리 페레이라^{Ferreira}를 지나 구시가지 좁은 골목길을 따라 언덕 정상에 오르니 대학교가 펼쳐진다. 후니쿨라^{Funicula}(케이블 전차)가 하나뿐이어서 매일 걸어 통학하는 학생들은 따로 운동할 필요가 없을 것 같다.

코임브라 대학 설립자, 동 디니스 왕

대학 캠퍼스는 웅장하면서도 고색창연하다.

단과 대학 건물 중에서도 15~18세기에 세워진 구舊 대학Velha Universidade이 볼거리이다. 코임브라 도서관, 시계탑, 라틴 회랑이 자리하고 있고, 광장에는 학교를 리스본에서 코임브라로 옮겨온 동 주앙 3세의 기념비가 세워져 있다.

특히 약 20여만 권의 고서古書를 보유하고 있는 코임브라 도서관은 '유명세'를 타고 있다. 몇 년 전 보스턴 여행 때 들렀던, 하버드 대학 구내에 있는 희랍 신전 같은 와이드너 도서관Widner Library이 떠올랐다. 300만 권

의 장서를 보유한 도서관이 대학의 성가를 올려줌은 물론이다. 그 정도는
아니지만, 이 대학도 전체가 유네스코 세계유산으로 지정될 만큼 역사와
전통, 고서 그리고 건축미가 돋보인다.

이 학교의 오랜 전통 중 하나는 학생들의 교복이다.

세계적으로 이 대학만의 특이한 전통이라 할 수 있는데, 지금도 검은색
예복에 검은 넥타이를 맨다. 그리고 검은 망토를 걸치고 수업에 들어간다.
자유분방한 여타 대학, 특히 미국에서는 상상하기도 힘든 일이다.

작가 조앤 롤링은 젊은 날 포르투갈에 체류할 때 이 대학을 자주 들렀
다. 그러던 어느 날, 학생들의 교복을 보고는 〈해리 포터〉에 나오는 '호그
와트 마법학교' 교복의 영감을 받았다고 한다. 왜 포르투갈이 그녀의 작
품에 많은 영감을 제공했는지 한번 곱
씹어볼 만하다.

교정을 이곳저곳 다니다 보니 한 여
학생이 교복을 잘 차려입고 같은 자리
에 계속 서 있었다. 이를 보고 그냥 지
나칠 내가 아니지 않는가. 가까이 다가
가 말을 걸었다.

"지금 뭐 하고 있나요?"

"오후 휴강을 이용해 학교 기념품을
팔고 있습니다."

교정에서 만난 브라질 교환교수. 포르투갈의 옛 식민지
인 브라질은 남미에서 유일하게 포르투갈어를 사용한다.

전통 교복을 차려입고 아르바이트 중인 학생

"수익금으로 무엇을 하시려고요?"

"제 개인이 가지는 것이 아니고, 교복을 입은 만큼 내가 속한 클럽 활동을 위해 사용합니다. 조금 있으면 다른 친구와 '임무 교대'할 거예요."

나는 즉시 지갑을 꺼내 학교 로고가 박힌 열쇠고리와 볼펜 등을 샀다. '사주었다'가 정확한 표현일 것이다. 짐 무게를 1g이라도 줄여야 하는 나의 '평소답지 않은' 행동이었다. "오브리가두(감사합니다)!"를 연발하는 그녀에게 카메라를 대니 수줍은 미소까지 짓는다.

코임브라의 벼룩시장

잘 가꿔진 시골 주택

기억에 남는 유럽 명문 대학들

유럽의 전통 있는 대학들은 대체로 13세기에서 16세기 사이에 설립되었고, 오랜 세월 동안 인류 문명과 학문의 발전을 이끌어왔다. 그간 유럽을 여행하며 들러본 고ㅎ대학들을 떠올리며 여기에 소개한다.

● 옥스퍼드 대학 Oxford University

영국 런던 북쪽 약 80km 지점에 있으며, 13세기 초에 설립되었다. 인근의 케임브리지 대학도 비슷한 시기에 세워졌다. 두 학교에서 50여 명의 각국 정상과 70여 명의 노벨상 수상자가 배출되었다. 그 영향력은 전 세계로 뻗었다.

● 웁살라 대학 Uppsala Universitet

스웨덴 수도 스톡홀름 외곽에 위치하며, 1477년에 설립되었다. 알프레드 노벨이 명예박사 학위를 받은 이후 8명의 노벨상 수상자가 이곳에서 나왔다. 대표적 인물로 식물학자 린네, 물리학자 옹스트룀, 천문학자 셀시우스, 유엔 사무총장 다그 함마르셸드가 있다.

● 레이던 대학 Universiteit Leiden

네덜란드의 대표 명문으로, 1575년 독립 전쟁 후 레이던 시민들의 뜻으로 세워졌다. 스페인 지배에 맞서 싸운 공로로 세금 감면과 대학 설립 중 선택권을 받자 시민들은 대학을 택했다. 데카르트, 렘브란트, 존 애덤스 등을 배출했으며, 아인슈타인이 초빙교수로 강의했다.

● 볼로냐 대학 Universita di Bologna

이탈리아 볼로냐에 있으며, 유럽에서 가장 오래된 대학이다. 1088년 설립, 1988년 개교 900주년을 맞았고, 2000년에는 '알마 마테르 스투디오룸Alma Mater Studiorum, 학문의 모교'이라는 교명을 채택했다. 졸업생에는 단테, 코페르니쿠스, 파스콜리, 뒤러 등이 있다.

● 하이델베르크 대학 Universitat Heidelberg

독일에서 가장 오래된 대학으로, 1368년 설립되었다. 괴테, 헤겔, 야스퍼스, 다임러 벤츠 등이 이곳 출신이며, 노벨상 수상자도 7명이다. 제2차 세계대전 때 한 미군 장성이 도시를 사랑해 공습을 막았다는 일화가 있고, 영화 〈황태자의 첫사랑〉의 배경으로도 유명하다.

● 살라망카 대학 Universidad de Salamanca

1218년에 설립된 스페인 대학이다. 16세기 전성기에는 볼로냐, 옥스퍼드와 함께 유럽 최고의 학문의 전당으로 꼽혔다. 콜럼버스가 신대륙 항해를 앞두고 이곳 교수들에게 조언을 구했으며, 아즈텍을 정복한 코르테스와 잉카를 무너뜨린 피사로도 이 대학 출신이다.

성모 발현지, 파티마

이 말은 종교는 묻지도 말고, 볼 필요도 없고, 따지지도 말라는 뜻이다. '믿음 그 자체다'라는 말과 맥을 같이한다. 그런데 현 인간 세상에 천상의 성모가 실제 나타났다. 말도 듣고, 본 사람도 많은 장소가 세 군데 있다.

소위 '세계 3대 성모 발현지'라고들 말하는데, 이곳 포르투갈의 파티마 Fatima, 프랑스의 루르드Lourdes, 멕시코의 과달루페Guadalupe가 그곳이다. 시기적으로 파티마가 가장 최근이다.

파티마는 코임브라에서 90km 정도 되니 '하루 거리'였다.

어차피 리스본을 향해 남진하는 방향에 위치하고 있으니, 지나는 길에 들를 요량으로 페달을 재촉했다. 귀국일이 얼마 안 남았으니 매사 더 조심해야겠다는 생각이 들었다. 그곳에서 1박하며 '일일 신자'로서 성모님의 가호加護를 빌어보기로 했다.

국도 N-110을 타고 계속 내려오다가 투마르Tomar란 곳에서 N-113으로 바꾸어 타고 파티마에 도착했다.

어둠이 내리려는 해질녘이었다. 숙소를 구하고는 외출을 서둘렀다. 혹시 여행자를 위한 야간 미사가 있는지도 궁금했다. 자전거는 숙소에 두고, 걸음을 재촉해 파티마 대성당으로 향했다.

파티마 대성당Sanctuary of Our Lady of Fatima은 1928년 짓기 시작해 1953년

무너진 베를린 장벽 일부를 보관한 공간

에 완공되었다. 외관은 성모를 상징하는 순백색이다. 이 건물을 중심으로 성모 마리아 발현 예배당Capela das Apancoes, 성 삼위일체 성당Basilica da Trinade, 베를린 벽Muro de Berlin 등으로 '파티마 성지聖地'가 구성되어 있다.

파티마는 아주 작은 도시이므로, 얼마 걷지 않아 눈앞에 탁 트인 광장이 전개되었다. 바로 파티마 대성당 앞에 무려 30만 명을 수용할 수 있다는 '코바 다 이리아Cove da Iria 광장'이다.

광장 입구에 위치한 '베를린 벽'이 먼저 눈에 들어왔다.

두꺼운 유리로 둘러싸인 공간에 광개토대왕 비석만 한 콘크리트 조형물이 들어서 있다. 과거 동·서독을 갈랐던 장벽의 일부를 독일에 살던 포

파티마 대성당 광장

르투갈 이민자들이 보내온 것이다. 옆에 서 있는 입간판 안내문에는 이렇게 쓰여 있다.

1961년 8월 23일 세워진 베를린 장벽은 1989년 11월 9일 무너졌다. 사람들을 자유의 길로 인도해주신 성모께 감사드린다.

다음으로 찾은 곳은 성모가 나타난 바로 그 지점에 세운 '발현 예배당'이었다. 예배당 옆에는 촛불을 봉헌하는 긴 대臺가 설치되어 있었다. 어둠

성모 발현 자리에 세운 예배당에서 드린 야간 미사

이 찾아온 성지의 촛불은 성스러움을 증폭시켰다.

마침 야간 미사가 진행되고 있었다. 신부님 강론을 알아들을 수는 없지만, 경건한 마음으로 성호를 긋고는 신도 속으로 들어갔다.

기적의 날, 그리고 예언

이날 파티마의 작은 마을, 목초지에 놀고 있던 세 목동들 머리 위로 번개 같은 섬광이 내려쳤다. 세 목동이란 루시아 산투스Lucia Santos(10살)와 사촌동생 자신타Jasinta(7살), 그리고 프란치스쿠 마르투스Francisco Martos(9살)였다.

이 아이들 앞에 있는 떡갈나무 위에 성모 마리아가 나타났다.

최고 연장자(?)였던 루시아는 후일, 당시 자신이 목격한 성모의 모습에 대해 이렇게 회고했다.

"매우 아름다운 부인이었다. 옷은 수정보다 강한 찬란한 빛을 쏟아냈다. 옷은 발밑까지 늘어뜨려졌으며, 그 경계 부분은 별들로 장식되어 있었다. 나이는 16살 정도 되어 보이며, 표현할 수 없는 천상의 용모였다. 하지만 무엇인지 생각에 잠긴 듯한 슬픔도 배어 있었다. 가늘고 섬세한 손은 진주 같은 것으로 엮어진 묵주를 들고서 가슴 부분에서 서로 맞잡고 있었다."

지상에 온 성모는 루시아에게 세 가지를 당부(예언)했다.

"이 자리에 성당을 지어 성체와 죄인을 위해 끊임없이 기도하라.
로사리오 Rosario(묵주기도)를 계속하면 러시아에 공산주의가 사라진다.
교황은 암살을 피할 것이다."

성모는 아이들에게 기도를 많이 하고 매달 같은 날, 같은 곳에 나오라고 말했다. 그러나 성모의 말을 따를 수가 없었다.

발 없는 소문이 널리 퍼지자 정부는 '유언비어 유포자' 아이들을 감금하고 말았다. 그리고는 포르투갈을 분열시키려는 책동이라고 발표했다. 그러나 많은 사람들은 기적에 대한 강한 믿음으로, 아이들이 아닌 어른들이 확인하기를 갈망했다.

성모가 아이들에게 한 마지막 발현 약속, 즉 그해 10월 13일.

내가 지금 서 있는 바로 이 자리, 코바 다 이리아에서 '태양의 기적Miracle of The Sun'이라고 불리는 미증유未曾有의 현상이 일어났다. 목격자는 신문기자와 사진기자까지 포함해서 대략 7만 명 정도였다.

파티마 기념품 숍

검은 구름이 하늘을 뒤덮자 곧바로 비바람이 몰아쳤다. 그러다가 오후 1시경이 되자 먹구름은 사라지고 비도 그쳤다. 태양이 구름층을 뚫고 나와 묘한 은빛 원반처럼 회전하기 시작했다.

군중들이 외쳤다.

"태양을 보라!"

하늘에는 여러 성인聖人이 나타났고, 태양은 불 바퀴처럼 빠르게 회전하면서 여러 가지 색깔의 광선들을 발산하며 지상을 물들였다. 잠시 후, 태양은 하늘을 가로질러 지그재그 모양으로 전진하면서 지상을 향해 엄청난 속도로 떨어졌다가 다시 제자리로 돌아갔다. 7만여 명의 대군중 앞에 휘황찬란한 빛을 발하며 성모가 나타났다.

아이들의 목격담은 거짓이 아니었음을 증명한 시간이었다.

드디어 바티칸 교황청도 움직였다

성모가 발현한 1917년은 무수한 인명이 살상된 제1차 세계대전이 한창이었다.

러시아에서는 민중 혁명이 일어나 수백 년 내려오던 차르(황제) 체재가 무너졌다. 1989년 11월 9일, 독일을 갈라놓았던 베를린 장벽이 무너졌다. 1991년에 소련이 붕괴하면서 동유럽은 마침내 공산주의 지배에서 해방됨으로써 '파티마의 메시지'가 이루어졌다.

또 다른 예언, 파티마의 성모 축일인 1981년 5월 13일에 교황 요한 바오로 2세가 바티칸에서 괴한이 쏜 총에 맞는 불행한 일이 발생했다. 범인은 터키인 메흐메드 알리^{Mehmed Ali}. 불과 3m 거리에서 쏘았으나 기적적으로 살았다.

교황은 파티마의 성모가 자신을 구해주었다고 믿고, 복부를 관통한 총알을 파티마의 성모상에 봉헌하며 감사의 기도를 올렸다.

세 목동 중 두 명, 프란치스코^{1908~1919}와 자신타^{1910~1920}는 1919년에 크게 유행했던 스페인 독감으로 병사했다. 나는 이 대목에서 자애로운 성모님이 왜 이리도 일찍 데려갔는지 이해할 수 없다(천상에서 중용하려 했는지, 그분의 뜻을 내가 어찌 감히 헤아릴 수 있으리오마는…).

루시아는 코임브라에 있는 가르멜 수도원으로 들어가 평생을 수녀로 살다 2005년 97세로 생을 마감했다. 2000년 로마 교황청은 그들에게 시복諡福, beatification을 내렸다. 시복이란 가톨릭 교단에서 복자^{The blessed}로 인정하는 것을 말한다.

3F의 나라

포르투갈은 흔히 '3F의 나라'라고 말한다.

Football, Fatima, Fado가 포르투갈을 대표하는 이미지란 말이다.

이 세 가지로 포르투갈인들의 성정의 큰 흐름을 파악할 수 있다. 바꾸어 말하면, 이들 생활에 근간을 이루는 세 요소이기도 하다.

축구(Football)

세계적인 스타 호날두를 배출했고, 스페인과 더불어 유럽에서 축구에 관한 열정은 대단하다. 축구 전문 일간지가 세 개나 되는 것만 봐도 알 수 있다. 포르투갈 축구는 남·북한 모두에게 큰 트라우마를 가지고 있다. 과거 어떤 '사연'이 있었을까.

얼마 전, 미국 CNN 방송이 '역대 최고 월드컵 경기 10개'를 선정했다. 그중 하나가 1966년 런던 월드컵, 북한 대對 포르투갈 전이었다.

1966년 7월 23일. 리버풀 구장에 5만 1천 명의 관중이 꽉 들어찼다. 모두들 포르투갈의 승리를 낙관했다. 그러나 경기가 시작되자 1분, 22분, 25분에 북한이 선제로 세 골을 넣었다. 대이변이었지만 거기까지.

'흑표범Pantera Negra'이라 불리는 식민지 모잠비크 태생의 에우제비오가 27분, 43분, 56분, 59분에 북한의 골망을 네 번 흔들었다. 스코어 3 – 4.

종료 시간이 다가오자 비기기만 하려고 북한은 무리수를 두다 80분에 PK를 내주고 3 – 5 역전패. 비록 졌지만 포르투갈의 간담을 서늘하게 했

2002년 서울 월드컵 당시 한국-포르투갈 전에서 활약 중인 박지성의 현란한 발놀림

으며, 물론 우리에게도 큰 자극제가 되었다.

36년이 흐른 2002년 서울 월드컵. 한국 축구는 히딩크라는 '명장'을 앞세우고 상승세를 타고 있었다. 조별 리그 마지막 상대, 포르투갈과 비기기만 해도 16강에 진출할 수 있는 상황. 대세는 한국 쪽으로 흘러가고 있었다. 드디어 박지성 선수에게 공이 날아왔다. 가슴으로 트래핑한 후 현란한 발놀림으로 상대 수비수를 따돌린 박지성은 체중을 실어 왼발 강슛을 날렸다.

얼마나 강했는지 키퍼 가랑이를 통과해 골망을 흔들었다. 종료 휘슬과 함께 한국은 1-0으로 승리. 포르투갈은 통한의 16강 진출이 좌절되며 보따리를 싸고 말았다.

파두(Fado)

프랑스에 샹송chanson이 있고, 이탈리아에 칸초네canzone가 있다면, 포르투갈엔 파두가 있다. 발랄하고 경쾌한 두 나라의 음조와는 달리, 파두는 포르투갈 특유의 감정이 실린 우수에 찬 감정으로 부르는 노래이다.

포르투갈인의 정서를 나타내는 말 중에 '사우다드saudade'란 것이 있다. 굳이 우리말로 번역하면 '한限'이 근접한 표현이다. 파두에는 이 사우다

파두 기념관

드가 녹아 있고, 말의 원뜻은 '운명(영어의 fate)'이다. 단어에서 풍기듯 비극을 암시한다.

15세기 포르투갈은 대항해 시대, 발견의 시대였다.

많은 선원, 탐험가들이 험악한 대서양을 향해 떠났다. 일확천금을 꿈꾸었지만 그것을 이룬 사람은 극소수이고 대다수는 '불귀의 객'이 되었다. 떠나간 자는 바다에서 재회를 기약할 수 없는 험난한 세월을 보냈고, 남은 자들이 육지에서 할 수 있는 건 속절없는 기다림뿐이었다.

대항해 시대가 저문 후에도 많은 포르투갈인은 고향을 등졌다. 그래서 '이민의 나라'란 말까지 생겼다. 가버린 자는 그렇다 치더라도 남은 자의

↑ 전설의 파두 가수, 아말리아 호드리게스
↓ 서양 배 모양의 포르투갈 식 12현 기타

삶은 고통이었다. 원래 이별이란 떠나는 자보다 남은 자의 고통이 큰 법이다.

파두는 파디스타 fadista(파두 가수)가 서양 배같이 생긴 12줄짜리 포르투갈 식 기타 Guitarra Portugesa에 맞추어 노래 부른다.

멕시코 출신의 티시 이노호사 Tish Hinojosa가 스페인어로 부른 〈돈데 보이 Donde Voy(나는 어디로 가야 하나요)〉도 호소하는 음조나 가사에 있어 파두와 맥을 같이한다. 한국의 트로트나 일본 엔카演歌는 서정성은 있으나 남녀의 이별을 주로 노래했으므로 파두와는 비교 대상이 아니다.

아말리아 호드리게스 Amalia Rodrigues는 포르투갈의 국민 가수이다. 상송의 여왕이라는 에디트 피아프에 필적할 만하다. 아말리아의 대표곡으로는 〈Maldicao저주〉, 제목부터가 가슴 저미는 슬픈 운명을 암시하고 있다.

…그대가 나에게 보내는 것이 운명인가, 저주인가

당신을 위해 나는 아파하고 서서히 죽어가리라

우리의 죽은 희망, 언제나 사라지려나…

1940~50년대에 전성기를 누린 그녀는 '전설의 파두 가수The History of Fado'로 불린다. 그녀가 세상을 뜨기 전 유언처럼 이런 말을 남겼다.

"내가 파두를 부르는 것이 아니라, 파두가 나를 부릅니다."

인문학적 여행과 죽음

나는 기독교 신자가 아니다. 그렇다고 불자도 아니다.

한마디로 종교적 믿음이 없는 무신론자이다. 개인으로서는 인간의 주체적 존재를 믿는 실존주의자이다. 따라서 종교가 인간을 구원할 수 없다고 믿는다. 과거에도 그랬고 앞으로도 마찬가지일 것이다.

죽음의 공포 때문에 종교가 존재한다고 하지만, 나는 그것도 믿지 않는다. 종교라는 이름으로 지금까지 인류가 흘린 피의 양을 과연 계량計量이나 할 수 있을까. 지금 이 순간에도 세계 도처에서 종교의 이름으로 살육이 자행되고 있다. 특히 중동 전쟁은 '인류가 존재하는 한 계속될 것'이라는 비관론이 대세이다.

아무런 의미도 없이 해는 뜨고 진다.

억겁의 시간 속에서 생명을 가진 모든 것은 생멸生滅을 되풀이해왔다. 그중 하나, 인간도 예외 없다. 욕계화택欲界火宅에 살다가 호화로운 묘에 묻히나, 초가삼간에 살다 이름 없이 죽으나, 한 조각 먼지가 되어 대기 속으로 흩어지는 것은 마찬가지다. 죽고 난 다음 대대손손 명성이 전해지는 것이 살아생전 따뜻한 한마디 말보다 못하다.

그리스 이라클리온에 있는 카잔차키스의 묘. "나는 아무것도 원하지 않는다. 나는 아무것도 두려워하지 않는다. 나는 자유인이다." 그의 묘비명이다.

영혼이 천국 가고, 극락정토에서 영원히 복록을 누린다는 것은, 생명이 붙어 있는 동안 인간이 만들어낸 관념 속에만 존재하는 이상향일 뿐이다.

신이 인간을 창조했다고 하나, 그 신은 인간이 만들었다는 것이 나의 지론이다.

인문학人文學, humanities은 인간 근원의 문제인 죽음, 종교, 철학, 사상과 문화에 관해 탐구하는 학문이다. 이 학문 영역으로는 미술, 음악, 문학, 철학, 인문과학 등 광범위한 학문 영역이 포함된다. 인문학이란 결국 인간이 어떻게 살고 어떻게 죽어야 하는지에 관한 제반 해결책을 제시하리라 생각한다.

나는 '두 바퀴와 인문학의 결합'이란 기치를 내걸고 페달을 돌려 세상 이곳저곳을 여행한다. 설령 만족할 답을 얻지 못할지라도.

여행, 곧 떠남의 궁극적 형태는 죽음이다.

생명은 우주를 호흡하지만, 언젠가는 모든 것을 버리고 떠나야 하는 한계를 숙명으로 갖는다. 일상에서 벗어나는 여행은 모든 것을 버리고 떠나는 죽음과 맥이 닿아 있다. 길고 힘든 여행을 다녀오면 세상이 달라 보이고 주어진 현실을 긍정하게 되다.

또한 다른 사람뿐 아니라 모든 존재를 배려하는 마음이 생긴다.

떠나는 경험을 통해 현실을 더욱 진지하게 받아들인다. 결국 잘 죽는다는 것은 언젠가 나 역시 영원의 길을 떠나야 한다는 것을 자각하는 것이며, 곧 현실을 잘 사는 길이 된다. 그래서 여행은 죽음의 연습이되, 음울한 예습이 아닌 생을 긍정하는 자아 각성의 과정이다.

리스본의 야경

대지진과 빛바랜 영광의
흔적을 따라

포르투갈의 수도 리스본은 나에게 오래된 화두처럼 호기심을 자극한 의문, '서양은 언제, 왜 동양을 추월했는갸'를 떠올리게 했다. 엔히크와 바스쿠 다 가마, 마젤란, 디아스의 도전으로 포르투갈은 세계를 무대로 부강해졌고, 서구 문명은 중심을 잡았다. 그러나 그 뒤엔 식민지와 노예들의 고통이 있었다. 오래된 질문의 해답을 찾아 길을 달렸다.

상 조르제 성터에서 내려다본 리스본 시가지. 테주 강은 흘러 곧 망망한 대서양에 안긴다.

리스본은 '다 가마의 도시'

수도 리스본^{Lisbon}은 포르투갈어로 '리스보아^{Lisboa}'이다.

'매혹적인 항구'라는 뜻이다. 도시의 기원은 고대 페니키아인이 테주 강^{Rio Tejo} 하구에 세운 항구에서 유래되었다. 강의 옛 이름인 리소^{Lisso}가 오늘날의 리스보아가 되었다.

로마의 지배를 거쳐 이슬람 치하인 1249년, 아폰수 3세가 국토회복의 위업을 이루었다. 이는 스페인보다 근 250년이나 앞섰으며, 유럽에서 유일하게 한 민족의 단일국가 체제를 형성했다. 남부 항구인 리스본의 중요성이 높아지자, 13세기 중엽부터 수도를 코임브라에서 이곳으로 옮겼다. 이때부터 리스본은 대항해 시대의 본거지가 되었다.

엔히크 왕자의 후원으로 많은 탐험가와 항해사, 과학자가 등장했지만, 그중 단연 돋보이는 인물은 바스쿠 다 가마였다. 그가 1498년 개척한 인도 항로는 리스본을 번성시키는 원동력이 되었다.

그 무렵 많은 이들이 도전 정신과 모험심으로 신항로를 이용한 향신료 무역에 뛰어들어 포르투갈은 한때 최고의 번영을 누렸다. 그러나 인류사에 씻을 수 없는 오점 '노예무역'이 그 부^富의 원천이었다.

당시 테주 강 부두는 연 2천여 척의 무역선이 드나들며 항구는 연일 불야성을 이루었다. 하지만 그들은 산업보다는 소비에 치중했다. 또 18세기 중반, 최악의 지진으로 도시의 3분의 2가 파괴되는 재앙을 겪었고, 근래에는 지도자를 잘못 만나 아일랜드, 그리스와 더불어 서유럽에서 가장 궁핍한 나라 중 하나가 되었다.

신의 분노인가 — 리스본 대지진

1755년 11월 1일 토요일, '만성절^{萬聖節}, All Saints' Day'이었다.

축복이라도 내리듯 구름 한 점 없는 청명한 날씨였다. 보통 겨울의 문턱에 선 리스본 하늘은 잿빛이고, 바람 불고 부슬비가 내리는 것이 상례였다. 그러나 이날만은 달랐다.

오전 9시 반, 시민들이 아침 식사를 하고 있을 때였다.

"쿠르릉… 쿵쿵…" 하는 소리가 땅속에서 울려퍼졌다. 리스본 전역이 흔들리기 시작했다. 몇 분이 흘렀다. 낙관적인 사람들은 '이러다 말겠지…' 생각했다. 그 순간, 파도에 작은 배가 흔들리듯 땅이 크게 출렁였다. 몇 분 후 리스본이라는 '거함'이 일엽편주처럼 흔들리기 시작했다.

강력한 지진은 세 번에 걸쳐 9분 동안 시 전체를 마구 흔들어놓았다.

3, 4층짜리 건물들이 대부분이던 시가지 곳곳에서 굉음과 함께 집들이 무너져 내렸다. 그리고는 곳곳에 화재가 발생했다. 축일에 켜놓은 촛불들이 원인이었다. 왜 하필 성스러운 날에… 신의 분노인가….

신앙심이 두터운 포르투갈인들에게 정말 이해할 수 없는 재앙이었다. 허나 이것은 시작에 불과했다. 한 시간가량 지나 더 큰 불행이 밀어닥쳤다. 쓰나미가 발생해 테주 강이 넘쳐 지대가 높은 곳을 제외하고는 모든 것이 쓸려나갔다.

리스본 대지진 재건의 아버지, 폼발 후작의 청동상

흔히 불보다 물이 더 무섭다고 한다. 물은 지나간 자리에 남는 것이 없기 때문이다. 수많은 인명은 말할 것도 없고, 고색창연한 왕궁, 미술관, 박물관, 도서관 등 수백 년에 걸쳐 축적된 보물들이 한순간에 쓸려가버리고 말았다.

도시 인구의 30% 이상이 지진, 화재, 쓰나미로 목숨을 잃었다. 건물, 교량 등 구조물은 80%가 파괴되었다. 진원은 포르투갈 남서쪽으로 200km 떨어진 대서양 해저로, 현대 지진학자들은 리히터 지진계로 8.5~9.0에 달했을 것이라 추정한다. 이는 인류 역사상 최대 규모라는 2004년 인도네시아 지진(사망자 23만 명)과 거의 비슷한 규모였다.

당시 국왕 조제프 1세José I, 1714~1777는 천운으로 리스본을 떠나 있어 화를 면했다. 망연자실한 그는 수상 격인 폼발 후작Marquês de Pombal, 1699~1782에게 물었다.

"이제 어떻게 할 것인가?"

"죽은 자는 묻고, 산 자는 보살필 겁니다."

"죽은 자는 묻고, 산 자는 보살펴라!"

재건은 건설보다 더 어렵다.

폼발 후작은 우선 폐허더미를 치우는 데 주력했다. 그다음 피해 상황을 면밀히 조사했다. 어떤 건물이 어떻게 무너졌는지, 지진의 전조가 있었는지, 동물들의 특이한 행동은 없었는지, 우물에는 어떤 변화가 있었는지 등 다각도로 조사했다.

그는 건축·토목 기술자와 과학자들을 총동원해 도시 재건에 매진했다. 석조 대신 지진에 강한 목재로 구조물을 만들고, 최초로 '가이올라 구조Gaiola structure(포르투갈어로 '새장 구조'란 뜻)'라는 내진耐震 공법을 적용했다.

폼발의 위대성은 여기에 그친 것이 아니다.

나락으로 가라앉은 민심을 어떻게 수습하느냐에 주력했다. 당시 시민들은 지옥으로 변한 도시를 신의 저주로 여겼다. 무너진 건물더미에서 처참하게 죽은 가족들의 시신 앞에 무릎을 꿇고 신에게 용서를 비는 사람들이 대부분이었다.

그는 재앙을 '신의 형벌이 아닌 자연현상', 즉 과학적 시각으로 설명했

리스본 외곽의 로마식 수도교. 대지진에도 건재하여 많은 사람들에게 희망의 증거가 되었다.

다. 취약한 집들은 많이 부서졌고, 견고하게 지은 집은 건재했다. 오래전 견고하게 세운 로마식 수도교水道橋는 건재하다고 강조했다.

산 자는 살아나가기 마련. 무너지지 않은 수도원과 교회에 기거하며 새 터전을 세우기 시작했다. 또 폼발은 시가지를 바둑판 모양으로 구획하고 가옥 배열도 이른바 폼발린Pombaline(폼발 양식)으로 통일, 근대 도시로 변모시켰다. 군주를 제외한다면, 바스쿠 다 가마와 더불어 폼발 후작은 포르투갈 국민에게 현재 가장 존경받는 인물이다.

리스본 대지진을 접하며 불가佛家에서 말하는 '인과응보因果應報'라는 생각이 떠올랐다.

포르투갈의 탐험가 열전

테주 강가에는 초대형 석조 기념물이 서 있다.

'발견기념비Padrao dos Descobrimentos'로, 1960년 엔히크 서거 500주기를 기념해 건립했다. 높이 52m의 범선 형상이다. 뱃머리에 엔히크 왕이 자신이 고안한 캐러벨선을 들고 먼 바다를 응시하며 "보라, 저 바다에 우리의 미래가 있다!"라고 외치는 것만 같다.

그 뒤로 여러 사람들이 따르고 있다. 이들은 대항해 시대를 꽃피우고 국부에 기여한 왕이나 왕족, 탐험가, 지리학자, 천문학자, 시인, 화가 등 포르투갈 역사에서 가장 빛나는 시기를 대표하는 인물들이다.

이 기념비에 등장하는 인물만 잘 살펴봐도 포르투갈이 어떤 나라인지 절반 이상 파악할 수 있겠다는 생각이 들었다. 유럽 변방의 작고 보잘것없는 나라였던 포르투갈이 한때나마 세계를 호령하는 강대국으로 우뚝 서는 과정에서 핵심적인 역할을 한 주역이었다.

네덜란드도 그렇지만, 작은 나라도 뛰어난 지도자를 중심으로 많은 인

발견기념비. 멀리서 보면 마치 물 위에 떠 있는 범선 같다. 왼쪽 선두가 항해왕 엔히크, 세 번째가 바스쿠 다 가마, 네 번째가 카브랄, 다섯 번째가 마젤란, 마지막이 바르톨로뮤 디아스. 오른쪽에서 여덟 번째, 두루마리 형상을 든 이는 국민 시인 카몽이스다.

재가 결집하면 엄청난 시너지 효과를 내고 위대한 성취를 이룰 수 있다는 사실을 보여준다.

대표적으로 다섯 사람, 선두의 엔히크를 비롯, 바스쿠 다 가마, 페르디난드 마젤란, 바르톨로뮤 디아스, 루이스 카몽이스. 이들의 면면을 보자.

항해왕 엔히크

엔히크 왕 (Infante Dom Henrique, 1394~1460)

엔히크에 대한 포르투갈인의 존경심은 대단하다. 우리 세종대왕에 비길까.

유럽 중에서 미지의 바닷길을 여는 데 선구자 역할을 한 국가는 포르투갈이었다. 1415년, 상업의 요충지 모로코 세우타^{Ceuta} 침략이 기폭제였다.

이때부터 약 150여 년간 목숨을 담보한 탐험 정신으로 아프리카를 비롯, 동아시아에 이르기까지 여러 탐험가, 항해사, 무역상들이 누비고 다녔다. 이들 뒤에는 든든한 후원자 '내비게이터 엔히크가' 있었다. 긴 항해에 적합한 새로운 배를 개발하고 거기다가 대포까지 장착함으로써 해적의 접근을 막았다.

그는 평생 독신으로 조선, 항해도구 개발 등 신항로 개척에 평생을 바치고 66세의 나이로 세상을 떠났다.

바스쿠 다 가마 (Vasco da Gama, 1460~1524)

포르투갈 남서부 알렌테 주에서 관리였던 아버지 에스테방 다 가마의 아들로 태어나, 에보라^{Evora}라는 도시에서 수학과 항해술을 배웠다. 항해

왕 엔히크의 뒤를 이은 주앙 왕 역시 신항로 개척과 포교, 향신료 무역을 계승하려 부심했다. 이 막중한 임무를 바스쿠 다 가마에게 맡겼다.

인도 항로를 개척한 바스쿠 다 가마

37세의 다 가마는 4척의 배로 탐험단을 꾸리고 1497년 7월 리스본을 출항했다. 선단은 기함旗艦 상 가브리엘호San Gabriel(300톤급)를 비롯, 3척의 배에 선원 168명이 승선했다. 그해 11월 희망봉을 통과했고, 1498년 5월 드디어 인도의 캘리컷에 도착했다. 절반의 성공이었다. 귀로에 해적의 습격으로 55명만 살아 리스본에 귀환했다. 2년 2개월 만인 1499년 9월이었다.

이 기록은 콜럼버스와 비교 불가한 대업적이다.

콜럼버스는 36일간 순풍을 받으며 고작 4천km를 항해했지만, 다 가마의 뱃길은 무려 4만km! 또 애초 약속대로 '진짜 인도'를 발견, 무역의 판도를 바꾸었다.

다 가마는 1502년 2월, 2차 항해를 떠난다. 이땐 실패한 첫 항해의 교훈을 거울 삼아 수십 척의 군함과 무장한 군인들을 동원했다. 그해 10월 캘리컷에 도착한 다 가마는 자모린Zamorin의 아랍·인도 연합함대를 격파, 식민지로서 복속을 받아냈다.

세월이 흐른 1524년, 다 가마는 새로운 인도 총독으로 부임한다. 9월 고아Goa에 도착했지만 말라리아에 걸려 3개월 만에 파란만장했던 생을 마감했다.

다 가마의 인도 항로 개척은 좁은 지중해밖에 모르던 유럽의 시야를 대양으로 넓히며 세계사의 흐름을 바꾼 대전환점이 되었다. 그는 바다를 통해 세계가 하나로 이어지는 'Age of Discovery^{대항해 시대}'를 연 선두주자였다.

포르투갈에 의한 대항해 시대의 개막은 유럽 중상주의^{重商主義, merchantilism}의 효시였다. 다 가마 휘하의 포르투갈 군대는 1510년, 1만여 명의 인도인을 학살하고 고아를 함락해 식민지로 만들었다. 영국이 오기 250년 전의 일이다.

"고아를 본 사람은 리스본을 볼 필요가 없다"는 말이 있을 정도다. 교역이 빈번했다는 말은 그만큼 많이 수탈했다는 뜻이기도 하다.

1998년, 포르투갈은 인도와 함께 다 가마의 신항로 발견 및 인도 상륙 500주년 행사를 추진하려 했다. 포르투갈에서는 국민적 영웅으로 찬양 일색이었지만, 인도에서는 다 가마의 꼭두각시를 만들어 화형에 처하며 재앙을 불러온 악마로 저주했다.

'발견자'와 '발견당하는 자'는 이렇게 극명하게 갈려 대척점에 선다.

페르디난드 마젤란 (Ferdinand Magellan, 1480~1521)

인류 최초로 세계일주^{Circumnavigation}를 한 마젤란.

그는 포르투갈 사람이다. 하지만 왕실과의 불화를 빚은 데 대한 항거로 1519년 스페인 카를로스 왕을 위해 항해 길에 나섰다. 목표는 '향신료 제도'라 불리는 몰루카^{Molucas}(인도네시아)였다.

265명의 선원과 트리니다드호(110톤), 빅토리아호 등 다섯 척의 배로 원정길에 올랐다. 이들은 이듬해인 1520년 남아메리카 대륙 최남단, 지금의 아르헨티나 파타고니아 지방에 다다랐다. 리아스식 해안처럼 어지러울 정도로 들쭉날쭉한 해안선을 따라 38일간의 사투 끝에 후일 명명된 '마젤란 해협'을 통과했다.

드디어 사지를 빠져나와 황금빛 석양 아래 넓게 펼쳐진 고요하고 평온한 바다를 보며 감격에 겨운 마젤란은 선언했다.

"앞으로 이 바다를 '태평양'이라 부르겠노라!"

'The Pacific Ocean'은 이렇게 탄생했다.

세계일주를 통해 지구가 둥글다는 사실을 증명한 마젤란

이후 장장 석 달 반 항해 끝에 사마르 섬에 닿았는데, 오늘날의 필리핀 땅이었다. 후일 스페인 사람들은 당시 국왕 펠리페 2세의 이름을 따 필리핀으로 명명했다.

마젤란은 운 나쁘게도 필리핀 세부Cebu에서 원주민의 독침을 맞고 죽는다. 남은 자는 귀환을 서둘렀다. 1522년 9월, 스페인을 떠난 지 3년 만에 8만 1천km를 항해하고 빅토리아호 한 척만 세비아 과달키비르 강으로 입항했다. 떠날 땐 다섯 척이 한 척으로, 265명이 18명으로 줄어 있었다. 긴 설명이 필요 없다. 이 수치가 모든 것을 말해준다.

국왕은 빅토리아호 선장 세바스찬 엘카노에게 보석으로 장식된 지구본을 하사했다. 거기에 '그대는 최초로 나를 돌았노라'라는 라틴어 문구가 새겨져 있었다.

그것은 지구가 둥글다는 것을 의미했다. 엘카노는 세월 속에 잊히고, 마젤란만 우리 기억 속에 살아 있다. 앞으로도 영원히 그럴 것 같다.

삶이 그렇듯, 역사도 굴곡과 불공평이 작용되기 마련이다.

바르톨로뮤 디아스(Bartholomeu Dias, 1450?~1500)

희망봉을 발견한
디아스

리스본에서 출생한 디아스는 주앙 2세로부터 기독교 국가 에티오피아를 탐험하라는 명령을 받았다. 1487년 리스본을 떠나 이듬해 아프리카 남단에 도달했다.

폭풍으로 거의 2주간 표류하다가 겨우 목숨을 건져 되돌아왔다. 이 일대 파도가 너무 험악해 항해 일지에 '폭풍의 곶'이라 이름 지었다.

그러나 국왕이 다음 선원들의 사기를 생각해 이를 Cabo da Esperança희망봉라 부르도록 했다. 영어로는 'Cape of Good Hope'이다.

희망봉은 10년 후 인도 항로 발견에 결정적 실마리를 제공했다. 디아스는 불운한 탐험가였다. 천신만고 끝에 희망봉을 발견하고도 다 가마에게 인도 항로 개척의 공적을 빼앗겼으니 말이다.

언제일지, 혹은 그런 날이 오지 않을지라도, 나는 자전거로 이집트 카이로에서 남아프리카까지 달려보고 싶은 '희망Good Hope'을 가져본다.

희망은 좋은 것! 늘 새로운 에너지를 불러오기 때문에.

루이스 카몽이스 (Luis Vaz de Camoes, 1524~1580)

리스본 태생이나, 며칠 전 내가 거쳐 온 도시 코임브라에서 대학을 졸업했다.

"…여기서 육지가 끝나고 바다가 시작되느니…"

그의 시 한 구절은 대항해 시대를 촉발시킬 정도로 탐험가들에게 강렬한 영감을 주었다.

포르투갈의 '국민 시인'인 카몽이스는 다 가마의 반열에 속할 정도로 국민들의 존경을 받고 있다. 그의 시신이 제로니무스 수도원Mosteiro dos Jerónimos 내 성당에 안치된 것만 봐도 알 수 있다.

포르투갈의 국민
시인, 카몽이스

현장에 답이 있다

리스본의 역사지구를 돌아보며 이런 생각이 떠올랐다.

'왜 포르투갈을 필두로 유럽 국가들이 원양 탐험에 나서게 되었을까?'

나의 오랜 의문 중 하나였다.

포르투갈인들은 무에서 유를 창조했다.

왕명을 받들어 미지의 바다로 나아갈 때 극도의 두려움으로 공포에 떨었을 것이다. 그러나 그들의 무기는 열정이었다. 호기심을 동반한 용기였고 도전 정신이었다. 욕망 또한 중요한 모티브였다.

나는 사실 유년 시절에 포르투갈 탐험가들처럼 미지에 대한 호기심이

자전거로 돌아본 리스본 '역사지구'

충만했다. 당시엔 선원이 되어 원양선을 타려고 부산 해양대학 진학을 꿈 꾼 적도 있었다. 우리는 3면이 바다이다. 바다는 미지의 세계에 대한 공포로 가득하다. 하지만 새로운 세상에 대한 도전, 그것은 엄청난 기회를 제공해줄 것이다. 도전하지 않는 자는 잡을 수 없다. 나가자, 바다로! 이런 생각이 머리 한가득이었다.

실현하지는 못했지만, 대신 인천에 있는 대학을 나와 건설 기술자가 되어 아프리카를 비롯, 해외 여러 나라를 돌아다녔으니 후회는 없다.

이 모두가 어린 시절 탐독한 쥘 베른의 소설 〈15소년 표류기(원제 Two Years' Vacation)〉 때문인지도 모른다.

매사가 그렇듯 답은 현장에 있었다.

이번 이베리아 반도 기행을 계기로 이들의 '탐험'이라는 오래된 숙제를 풀기로 마음먹었다. 책을 여러 가지 많이, 열심히 들여다보아도 이해 안 되던 사건, 인물이 이번 기행을 통해 하나둘 서로 아귀가 맞아떨어져 갔다. 그러면서 뚜렷이 머릿속에 각인되었다. 현지에서 유적지의 크기나 중요도(시설물), 입장료의 다과, 안내문, 홍보 책자, 사적지 홍보 담당자와의 인터뷰, 현지인과의 대화 혹은 유적지에 여행 온 외국인과의 대화 등 모든 수단을 동원했다.

현지에서 얻은 모든 것들이 가장 정확했고, 의문을 푸는 단초를 제공했다.

세계사의 흐름을 바꾼 검은 황금, '후추'

"역사는 역설적"이라는 말이 있다.

좋고 귀한 것을 가지고도 피해를 본 경우가 역사에 종종 등장한다.

16세기 모든 것을 다 가지고 풍요를 누린 인도가 그랬다. 후추·정향·육두구 등 음식의 맛을 좋게 하고 육류를 보관하는 당대의 귀중품, 향신료(주로 후추) 때문에 피지배자로 전락, 서구 열강들에게 수백 년 고난의 세월을 보냈다.

후추의 역사는 고대 그리스까지 거슬러 올라간다.

"후추는 크기가 작아도 그 가치는 크다."

플라톤의 말이다.

1498년 5월 어느 날, 인도 서남해안 어촌에 낯선 배가 도착, 사람들이 내렸다. 키가 크고 곱슬머리에 하얀 얼굴의 사람들이었다. 그중 대장(바스쿠 다 가마)이 말했다.

"우리는 머나먼 포르투갈이란 나라에서 후추를 찾아 여기까지 왔습니다."

세계사의 수레바퀴가 서양을 향해 돌려는 순간이었다.

대장은 지역을 다스리던 왕, 자모린을 알현하는 자리에서 붉은 포르투갈 식 모자와 구리로 만든 그릇류 몇 점을 내놓았다.

"우리 폐하가 전하는 선물입니다."

황금으로 잔뜩 치장한 왕은 기가 막힌 듯 냉소하며 쏘아붙였다.

"이런 것은 우리 가난뱅이에게 주어도 욕먹습니다."

당시 캘리컷은 비단, 자기, 후추를 포함한 모든 향신료의 집산지이자 수출항으로 부유했다. 주로 아랍 상인과 페르시아 무역상들이 이를 취급했다.

후추는 유럽 풍토에서는 거의 생산되지 않는 작물이었다.

반면 인도의 비 많은 몬순 기후는 최적의 환경이었다. 당시 유럽에서 후추 한 알은 진주 한 개와 같은 값이었다. 현지 산지가의 60~100배 정도였으니 무역업자는 목숨을 걸 만했다.

포르투갈은 국운을 걸고 본격 향신료 획득을 추진했다. 대규모 군함을 동원, 아랍 세력을 물리치고 인도양을 장악했다. 무력으로 인도 서남부 고아를 거점 삼아 지금의 뭄바이 일대를 강점했다.

해적으로부터 안전을 보호한다는 명분으로 인도양, 페르시아 만, 벵골

만을 항해하는 선박에게 통행세를 징수했다. 일명 카르타즈^{Cartaz}(통행증)라 불리던 이 제도는 배에 실린 화물가의 20%를 갈취하는 '준^準 해적' 행위였다. 동쪽으로는 인도네시아, 마카오, 서쪽으로는 페르시아 만 일대까지 자국 세력권 안에 완전 장악했다는 뜻이기도 했다.

발명에 강한 동양, 활용에 강한 서양

다 가마와 자모린의 만남에 대해 영국 케임브리지 대학 교수 조셉 나담은 이렇게 설명했다.

"바스쿠 다 가마의 첫 캘리컷^{Calicut} 방문으로 동양과 서양의 격차는 여실히 증명되었다."

동·서양 문명의 격차는 언제쯤부터 벌어졌을까.

내가 평소에 가졌던 의문 중의 하나이다. 특히 이번 이베리아 반도 기행에서는 그런 의문이 더 증폭되었다. 나의 추론으로는 한 500여 년 전까지만 해도 동양이 서양을 능가했다.

동양은 서양에 비해 인구가 많아 군사력이 강했고 경제력도 앞섰다. 한 예로 17세기 초 유럽 전역이 30년 전쟁에 휘말려 있을 때 2만 정도의 병력을 가진 용병대장이라면 어느 군주나 고용하려 애썼다. 그보다 무려 1천여 년 전, 중국의 수양제는 고구려를 침공하기 위해 113만의 대병력을 동원했다.

그러나 유럽에서 르네상스, 지리상의 발견, 종교개혁 같은 대변혁이 일어났다. 특히 포르투갈이 주도한 동양을 향한 대항해 시대가 열리고,

스페인이 아메리카 대륙을 발견했다. 이런 굵직한 변혁(개혁)으로 역전되기 시작했다.

당시 동양은 문화적·기술적으로 유럽에 앞서 있었다.

인류 4대 발명품이라는 나침반, 화약, 종이, 인쇄술 등이 동양에서 먼저 사용되었기 때문이다. 종이는 중국의 채륜이 발명했다는 것은 초등학교 때 이미 배워 알고 있다. 나침반은 배를 타고 멀리 나갈 때 쓰임새가 있는데, 명나라의 정화 제독 이후에는 먼바다를 항해할 일이 없었다.

화약은 10세기경 중국에서 발명되어 주로 폭죽놀이에만 사용되었고, 제조 방법은 국가 차원에서 비밀에 부쳤기 때문에 크게 확산되지 못했다.

서양은 동양보다 늦었지만 이런 발명품들의 중요성을 간파했다.

연구를 거듭해 활용도를 한층 제고했다. 특히 화약의 중요성을 알아채고 일찌감치 총과 대포 등의 무기 개발에 눈을 돌렸다. 이른바 포함외교砲艦外交, 함선에 포를 장착해 웬만한 나라는 이것으로 제압해버렸다.

이것이 서양에 역전당한 결정적인 계기가 되었다. 이런 무력을 앞세워 동양 세계에 밀어닥친 시기를 서양사에서는 제국주의의 확장, 동양사에서는 서세동점西世東漸이라고 한다.

테주 강 저 멀리 대서양에 석양이 내리기 시작했다.

황홀경을 뒤로하고 이제 '역사지구'를 떠나야 할 시간이 왔다.

월광에 물든 포르투갈의 영화榮華를 찾아 두 바퀴 나그네는 내일도 쉼 없이 달릴 것이다!

'힐링'으로서의 독서

나는 여행을 계획할 때마다 행하는 오래된 습관이 있다.

떠나기 수개월 전부터 여행할 나라의 자료를 구하고 스터디하는 일이다. 이 준비는 학창 시절 공부처럼 "복습보다는 예습이 효과가 있다"는 말이 아직도 유효하다고 믿기 때문이다. 진부한 표현이지만 '여행은 아는 만큼 보인다'는 철칙이다.

'알기' 위해서는 시간이 많이 소요되는데, 실제 여행보다 이 기간이 더 설레고 즐겁다. 이는 여행 전문가든 아니든 별반 차이가 없을 것이다.

구하는 자료란 역사, 정치, 지리, 문학, 음악, 미술, 스포츠, 신화, 사건, 전쟁, 인물, 영화, 소설, 건축 등을 말한다. 이 정도는 그 나라의 '총망라'다. 그러나 우리의 관심사나 우리와의 관계, 그리고 나의 버킷 리스트에 주안점을 둔다.

"떠나고 싶을 때 떠나라, 비우고 떠나야 많이 담아온다" 등의 카피가 인구에 회자되던 때가 있었다. 나는 그 말에 동의할 수 없고, 앞으로도 할 수 없을 것만 같다.

포르투갈 여행을 앞두고 나의 '웹 서핑'에 소설 한 권이 걸려들었다.

〈리스본행 야간열차Night Train To Lisbon〉, 작가는 피터 비에리Peter Bieri, 1944~2023였다.

'야간열차'가 주는 이미지에서 애거서 크리스티의 〈오리엔트 특급살인〉처럼 리스본 관련 '사건소설'인 줄 알았다. 읽다 보니 유럽 문학의 현대고전이라 할 만큼 심오하고 난해한 면이 있다. 솔직히 말해 진도도 잘 안 나가고 소소한 재미는 기대할 수 없었다. 다만 타성에 젖어 살면서 간과하기 쉬운 '내 안의 나를 찾아 떠나는 여행'의 가능성을 제시한 측면에서 흥미를 끌었다.

작가는 이렇게 쓰고 있다.

"우리는 우리 삶의 일부만 경험하며 살아가고 있다. 그러나 나머지 부분도 큰 의미를 지닌다. 의식적으로 인식하지 못해도 우리 삶에 색깔을 입혀주고 멜로디를 연주해주는 것은 그 부분이다. 즉, 그 부분이 어떻게 구현되는가에 따라 삶이 만족하게 흘러갈 수도 있다."

흔히들 인생을 여행에 비유한다.

인생이란 여행은 출발점도, 도착점도 나의 선택이 아니다. 여정도, 길 위에서 만나는 사람조차도 내가 정할 수 없다. 내가 바꿀 수 있는 것이란 거의 없다고 봐도 무방하다. 그러나 단 한 가지, 내가 온전히 할 수 있는 것은 여행길 위에서 '내 안의 나를 찾아내는 것'이다.

이 책은 가이드북이 아니라서 포르투갈 여행에 별 도움이 되지 않을지라도 '긴 인생 여행길'에 많은 도움이 될 것 같았다.

책은 정보도 주지만 지혜와 통찰을 얻는 수단이기도 하다. 더 나아가 치열한 삶 속에서 상처 입은 마음을 위로하고 때론 치료도 해준다.

'독서 치유법'은 힐링의 좋은 방법이기도 하다.

〈리스본행 야간열차〉

스위스 베른의 비 오는 어느 날 오후.

라틴어 교사로 평범하게 살아가는 그레고리우스의 단조로운 일상에 돌연 한 여인이 나타난다. 다리에서 투신자살을 시도하려던 그녀로 인해 그레고리우스는 상궤常軌를 이탈한다. 알 수 없는 힘에 이끌린 그는 붉은 코트와 한 권의 책을 남긴 채 사라진 여인의 흔적을 쫓는다.

책은 포르투갈인 아마데우 프라두가 쓴 〈언어의 연금술사〉였다. 이 책을 쥐고 그는 홀린 듯 리스본행 야간열차에 몸을 싣는다.

〈리스본행 야간열차〉는 영화로도 상영되었다.

인생의 변곡점은 이렇게 시작된다.

그레고리우스는 리스본에서 지난날 치열하게 살았던 한 남자의 삶 속으로 뛰어든다. 프라두는 판사 아버지의 강요로 의사가 되었지만 시인으로, 저항운동가로 격정적인 삶을 산 인물. 이미 이 세상 사람이 아닌 프라두의 흔적을 찾아 그레고리우스는 자신의 지나온 인생을 회고하며 난해한 퍼즐을 맞추기 위해 리스본을 헤맨다.

"너는 고통에서 환자를 구해줄 수 있는 의사가 되어야 한다. 아버지가 내게 보낸 신뢰 때문에 난 그를 사랑했고, 동시에 간절한 소원으로 짓누르는 부담감 때문에 그를 증오하게 되었다."

그의 고백에는 지나간 삶에 대한 허무감, 삶의 주인이 되지 못한 분노가 담겨 있다. 스스로를 향한 먼 여행을 떠나 지금의 자기가 아닌 누구 또는 무엇이 될 수 있었는지 발견할 가능성을 박탈당한 채 살아왔다고 자책한다.

이 책은 나로 하여금 스위스의 심리학자 융Carl G. Jung, 1875~1961을 떠올리게 했다. 그는 페르소나persona(가면을 쓴 인격)의 심리학적 개념을 정리했다.

"당신의 관점은 스스로의 마음을 들여다볼 때만 뚜렷해진다.
밖을 내다보는 자는 꿈을 꾸지만, 안을 들여다보는 자는 깨닫는다."

그의 주장은 '내면의 소리에 귀를 기울여라'로 요약된다.

그러면서 융은 나를 세 가지 - 본성의 나, 남이 바라보는 나, 내가 되고 싶은 나 - 로 구분했다. 이 세 가지 속성의 나가 서로 연결고리를 가지고 보완적으로 상황에 따라 에너지를 집중시켰다가 흩어져 진정한 나의 삶이 완성된다는 것이다.

이때 나는 어떤 삶을 살지 자신이 선택해야 한다.

오래된 '달동네', 알파마 지구

리스본 시는 10개 이상의 행정구역으로 구분되어 있다.

짧은 시간 안에 리스본을 파악하기 위해서는 최소 3, 4개 지구는 꼭 가 보아야 한다고 판단했다. 며칠 전 다녀온 벨렝 지구를 제외하면 알파마 Alfama 지구와 바이샤Baixa 지구가 공략 대상이다.

먼저 알파마 지구는 리스본에서 가장 오래된 지역으로, 이슬람 통치기에 아랍인들이 모여 살던 곳이었다. '알파마'란 아랍어 'Al-hama'에서 온 것으로 '뜨거운 물'이라는 뜻이다. 실제로 이 지역에서는 아직도 물이 솟아나오는 것을 볼 수 있다고 한다.

지금은 리스본의 '달동네'로 대표적인 빈민가다.

좁고 꼬불꼬불한 골목길은 중세 그대로의 모습을 간직하고 있다. 불과 얼마 전까지만 해도 이 일대 골목에 사창가가 존재했다고 한다. 구각舊殼을 벗으려는 듯, 인적 없는 빈집과 재개발 공사 현장이 많아 거리는 어수선했다.

내가 묵었던 숙소는 인도인이 운영하는 '시티 센터 호스텔'이었다.

'물타니'라는 지배인은 내가 외출할 때마다 이렇게 충고했다.

"밤늦게까지 혼자 다니는 것은 삼가세요. 특히 자전거를 타면 공격당하기 쉬워요."

몇 번 농담을 주고받았을 뿐인데, 고객이라기보다는 같은 동양계라는 이유로 우호의 표현이라 생각했다.

그의 말대로 밤늦은 '귀가' 때면 거리의 여인들이 유혹의 눈길을 보내왔지만 적극적이지는 않았다. 조심은 해야겠지만 우범 지역의 낌새는 느낄 수 없었다. 나는 이 지역이야말로 리스본 서민들이 살아가는 모습을 직접 보고 느낄 수 있는 좋은 장소라는 생각이 들었다.

상 조르제 성

알파마 지구는 1755년 리스본 대지진 때 피해가 거의 없었다.

건물들이 견고한 암반 위에 세워졌기 때문이었다. 고지대여서 쓰나미도 비껴갔다.

대표적인 유적은 상 조르제 성^{Castelo de São Jorge}.

리스본에서 가장 높은 곳에 위치해 최고의 전망을 자랑한다. 그러니 올라가는 길이 만만치 않았다. 이 지역에서는 기원전 300년경으로 추정되는 철기시대의 유물이 출토된 적이 있다. 오래전에 이렇게 높은 곳에서 사람들이 어떻게 군집해 살았는지 상상하기조차 어려웠다.

반면 외부 침략을 방어하기에는 유리했을 것이다. 포위당하더라도 물이 솟아나와 오래 버틸 수 있었으니, 아랍 정복자들은 이곳에 왕궁을 짓고 포르투갈을 지배했다. 국토 수복 후에도 포르투갈 왕들이 그 자리에 그대로 들어앉았다.

옛 성터는 넓었지만 자전거를 입구에 맡기고 들어왔기 때문에 걸어다닐 수밖에 없었다. 높은 언덕에 있어 리스본 사위가 한눈에 들어온다. 여기는 입장료를 내고 들어가야 하지만, 무료인 그라사 전망대^{Miradouro da Graça}나 산타 루시아 전망대^{Miradouro de Santa Luzia}도 추천할 만하다.

성 이름의 유래는 영국의 수호성인 세인트 조지^{Saint Jorge}에서 비롯되었다. 1371년 포르투갈의 캐서린 공주와 영국 찰스 왕자가 결혼할 때 이 성을 그에게 바쳤기 때문이다.

상 조르제 성을 방어했던 중세 대포. 지금은 훌륭한 전망대 역할을 한다.

호시우 광장

바이샤 지구는 대지진 때 대부분 파괴된 후 도시 계획에 따라 다시 태어난 곳이다. 현재는 레스토랑과 노천 카페, 기념품 숍, 숙박시설 등이 밀집해 살아 숨 쉬는 번화가를 이루고 있다.

호시우Rossio 광장은 리스본을 방문하는 여행객이라면 한두 번쯤은 거쳐가는 곳이다. 원래 이름은 동 페드루 4세 광장Plaça de Pedro IV이지만, 보통 '호시우 광장'이라 부른다. 지척의 거리에 주앙 1세의 청동 기마상이 서 있는 피게이라 광장Praça da Figueira도 있다.

물결 무늬 칼사다 포르투게사가 인상적인 호시우 광장. 멀리 페드루 4세 동상이 보인다.

중세 시대에는 이곳에서 종교재판을 열어 '마녀'를 화형에 처했다. 종교재판은 종교적 엄숙함을 강조하기 위해 대중이 많이 모이는 광장에서 행해졌다.

광장 바로 인근에는 오페라하우스와 호시우 기차역이 자리한다. 과거 귀족들이 살던 고급 주택과 카페, 레스토랑이 줄지어 늘어서 있어 지금도 관광객들로 붐빈다. 자연스레 관광객을 노리는 소매치기와 집시들도 보였다. 특히 관광객으로 붐비는 28번 트램은 각별한 주의를 요한다.

그들 눈에는 이곳이 '리스본 최고의 물 좋은 곳'일 것이다. 아프리카와 중동에서 난민들이 유입되고 나라 살림은 팍팍해지니 소매치기나 '거리의 여인'들이 생겨날 수밖에 없다. 그들에게 자전거 여행자나 동양인 여행자는 '밥'이나 다름없으니, 나야말로 '최고의 만찬' 대상이다. 긴장의 끈을 결코 늦출 수 없었다.

광장 중앙에서 시원하게 물을 뿜어내는 분수가 마음을 편안하게 해준다. 바닥은 S라인 곡선미가 돋보이는 '칼사다 포르투게사^{Calçada Portuguesa}' 방식으로 깔려 있다. 파도 무늬라고 느끼는 사람도 많았는데, 무늬가 너무 생동감 있어 현기증을 일으키지 않을까 싶을 정도였다.

유럽의 땅끝, 호카곶

Chapter
5

땅끝에서 다시 바다로

유럽의 땅끝, 호카곶에 서니 광막한 대서양이 펼쳐진다. 영원히 지구를 떠받드는 형벌을 받은 아틀라스의 절망 위에서, 저 아득한 미지의 세계를 향해 처음으로 모험을 떠난 포르투갈인들의 용기에 다시금 감동이 밀려온다. 우리에게도 여전히 바다는 기회다.
"저 바다는 미지의 세계에 대한 공포로 가득하다. 하지만 도전하지 않는 자는 붙잡을 수 없다. 나가자, 바다로!"

리스본의 명물, 트램

'테주 강의 귀부인', 벨렝 탑

벨렝 탑과 제로니무스 수도원은 흘러간 영화를 반추하는 리스본의 역사적 건물이다. 대지진의 참화 속에서도 온전히 살아남아 건설 당시의 모습을 그대로 간직하고 있다.

반가운 마음에 우선 '벨렝 역사지구'를 향해 페달을 돌리기 시작했다. 사적지들이 몰려 있는 벨렝은 시 외곽은 아니지만 시내 중심에서는 상당히 떨어져 있다.

먼저 도착한 곳은 벨렝 탑Torre de Belém이었다.

1515년, 마누엘 1세가 다 가마의 인도 항로 개척을 기념해 세운 건축물이다. 리스본 방어를 위한 요새 겸 망루 역할을 했으며, 대항해 시대 원양 출항에 앞서 왕을 알현했던 장소이기도 했다. 현재는 내부 관람이 가능한 박물관으로 사용되고 있다. 1층은 정치범 감옥, 2층은 포대, 3층은 선박의 입출항을 통제하는 세관이었다.

지금은 강의 흐름 때문에 탑이 거의 바닥부터 강물 위로 노출되어 있다. 당시 감옥은 만조 때 물이 들어오면 수감자의 목까지 차올라, 그들은 까치발을 한 채 물이 빠져나가기를 기다려야 했다고 한다. 수위가 조금만 높아져도 서서히 익사할 수밖에 없었다. 얼마나 죽음의 공포가 엄습했을까. 탑 안에서 바라보는 테주 강은 바다처럼 넓게 펼쳐져 있었다.

첫눈에도 보통 탑이 아니라는 생각이 들었다. 탑이라고 하기에는 너무 크고 웅장했다. 우아한 드레스를 입은 귀부인처럼 보인다고 하여 붙여진

↑ 벨렝 탑. 탑이라기보다는 오히려 거대한 성채의 대문에 가깝다.
↓ 스위스 레만 호수 위의 시옹 성. 영국 시인 바이런의 작품 〈시옹 성의 죄수〉의 무대다.

별칭이 바로 '테주 강의 귀부인'이다.

과거 일본 히메지姬路를 여행할 때 본 히메지 성姬路城의 별칭은 시라사키조白鷺城,백로성였다. 성 관리인에 의하면 "일본에서 가장 아름다운 성이며, 흰색 건물은 백로가 비상하며 날개를 펼치는 형상"이라고 했다. 백로를 남자에 비유하지 않듯, 아름다움은 여인에 비유해야 제격인 듯하다.

히메지 성은 태평양 전쟁 당시 미군의 공습 속에서도 살아남아 축조 당시의 원형이 그대로 보존되어 있다. 대지진에서 살아남은 벨렝 탑과는 그런 점에서 상통한다.

학이 비상하는 형상의 일본 히메지 성

또한 물 위에 떠 있다는 점에서는 스위스 제네바 몽트뢰 인근, 레만 호반의 멋진 시옹 성Chateau de Chillon을 연상케 했다. 그곳 역시 과거 정치범을 투옥했던 아픔을 간직하고 있다.

'대항해 시대'의 두 주역이 잠든 곳

제로니무스 수도원Mosteiro dos Jerónimos은 벨렝 탑에서 멀지 않은 역사 지구 내에 있다. '제로니무스'는 4세기에 살았던 가톨릭 성인의 이름에

제로니무스 수도원의 위용

서 비롯되었다. 본래 라틴어식 이름은 에우제비우스 히에로니무스^{Eusebius} ^{Hieronymus}였고, 영어식으로는 제롬^{Jerome}이라 부른다.

이 수도원에는 다양한 수식어가 붙는다. '대항해 시대의 상징', '탐험가들의 안식처', '마누엘 양식의 최대 걸작품' 등이 그것이다. 수식어가 많다는 것은 그만큼 사람들의 입에 오르내린다는 뜻이며, 포르투갈인뿐 아니라 유럽인들에게도 큰 자부심의 대상이 되고 있다.

'노다지 무역길'이 열리고 거대한 땅 브라질을 차지하면서 포르투갈에는 막대한 부가 흘러들어왔다. 마누엘 1세는 이를 과시라도 하듯, 선대 엔히크 왕이 세운 산타 마리아 성당 옆에 대규모 증축 공사를 시작했다. 길

⬆수도원 한 변의 길이가 무려 300m! ⬇수도원 안에 있는 산타 마리아 성당. 항해 전에 이곳에서 무사 귀환을 기도했다.

이가 300m가 넘는 웅장한 수도원이 바로 그것이다. 유럽의 웬만한 수도원은 거의 다 가보았지만 이만큼 화려하고 거대한 규모는 처음이었다.

수도원은 건축가 디오구 드 보이타카Diogo de Boitaca의 설계로 1502년에 착공되었다. 공사비는 인도에서 들여온 향신료 수익금의 5%로 충당되었다. 그 옛날에 이런 규모의 건축이 가능했다는 사실은 당시 향신료의 경제적 위상을 잘 보여준다. 게다가 이 건물은 1755년 대지진에서도 피해를 입지 않아 지금까지 원형이 잘 보존되어 있다. 특히 야자수 모양의 기둥과 천장은 마누엘 양식의 걸작으로 손꼽힌다.

수도원 안에 있는 산타 마리아 성당으로 들어갔다.

성당 안으로 들어서면 입구에 두 개의 석묘가 나란히 자리하고 있다. 하나는 십자가와 선박, 혼천의가 새겨진 바스쿠 다 가마의 석묘다. 다른 하나는 월계관과 악기, 펜이 장식된 시인 루이스 데 카몽이스의 석묘다.

다 가마의 석묘 옆에는 밧줄을 쥔 손
모양이 조각된 기둥이 있는데, 이를
만지면 항해를 무사히 마칠 수 있다
는 속설이 내려와 지금도 많은 이들
의 손길로 반질반질 윤이 나 있다.

수도원 내 회랑回廊은 마누엘 양식
의 정수를 보여준다. 조각 하나하나가
모두 예술품이라 해도 과언이 아니다.
벨렝 탑과 함께 제로니무스 수도원은

리스본의 인기 간식, 에그타르트 가게. 19세기부터 제로
니무스 수도원에서 제조 비법을 전수받았다고 한다.

1983년 유네스코 세계문화유산으로 등재되었다.

리스본의 예수상 vs. 리우의 예수상

테주 강Rio Tejo은 스페인 중부에서 발원하여 장장 1,008km를 달려와
이곳에서 대서양으로 흘러간다.

리스본 일대에 이르러서는 강폭이 2km가 넘을 정도로 넓어진다. 그
위를 가로지르는 멋진 다리가 바로 '4월 25일 다리Ponte 25 de Abril'다. 이름
이 특이해 궁금증이 일었다. 원래는 '살라자르 다리Ponte Salazar'였는데, 혁
명으로 독재정권을 축출한 날을 기념해 다리 이름을 바꿔버린 것이다. 거
사 당일 시민들이 군인들의 총구에 카네이션을 꽂아주었던 데서 '카네이
션 다리'라는 별칭도 생겼다.

구조는 현수교(트러스 아치교)로, 샌프란시스코의 금문교와 흡사하다.

테주 강을 가로지르는 '4월 25일 다리'. 강 건너 보이는 거대한 예수상은 두 팔을 벌린 모습으로, 브라질 리우 예수상의 축소판이다.

다만 길이는 2,274m로 금문교보다 약 500m 짧다.

저 멀리에는 두 팔을 벌리고 서 있는 높이 110m의 거대한 그리스도 상Christo Rei이 보인다. 브라질 리우 데 자네이루에 있는 '리우의 예수상 Christo Redentor'과 거의 같은 형상으로, 마치 서로 마주 보는 듯 서 있다. 개인적으로는 같은 방향을 응시하는 편이 더 설득력이 있지 않을까 하는 생각이 들었다.

리우의 예수상은 포르투갈로부터 독립 100년을 기념해 1931년에 건립되었다. 반면 리스본의 예수상은 1959년, 제2차 세계대전의 피해를 비껴간 것에 대한 감사의 의미로 세워졌다. 예수 신앙심에 관한 한 포르투갈을 따라갈 나라는 없을 듯하다.

리스본 최대 번화가 코메르시우 광장으로 들어오는 개선문

장군 아닌 탐험가를 환영하던 '개선문'

아우구스타^{Augusta} 거리는 매력 만점이다.

호시우 광장과 피게이라 광장 사이를 직선으로 잇는 보행자 전용도로로, 양쪽에는 유명 브랜드 매장과 기념품 가게들이 늘어서 있다. 말하자면 포르투갈 최대의 쇼핑가다. 동시에 거리 한복판에서는 행인들의 발걸음을 멈추게 하는 각종 거리 예술 공연이 펼쳐지고 있다.

나는 유럽 여행 중 거리의 악사나 퍼포먼스를 잠깐이라도 듣거나 보게 되면 동전을 주는 습관이 있다. 나에겐 작은 정성이지만, 받는 이에게는 크게 와닿을 것이라 짐작하기 때문이다. 가끔은 악사에게 신청곡을 청하

포르투갈이여, 과거의 영광을 다시 한 번!

기도 하는데, 거절당한 적은 없었다. 오히려 더욱 신명나게 연주해주었다. 그럴 때는 보너스 삼아 지폐를 주기도 했다.

번화가의 끝에는 '승리의 아치'라 불리는 웅장한 개선문이 서 있다. 아르코 다 루아 아우구스타Arco da Rua Augusta, 즉 리스본의 주 출입문 격이다. 상단에는 마리아 1세가 폼발 후작과 바스쿠 다 가마에게 월계관을 씌워주는 조각상이 장식되어 있다. 대항해 시대 수많은 탐험가들이 개선장군처럼 환영받으며 지나갔던 문이기도 하다.

개선문을 통과하면 코메르시우 광장Praça do Comércio이 펼쳐진다. 리스본을 대표하는 광장이다. 원래 이곳에는 마누엘 궁전이 있었으나 대지진 때 파괴되었고, 재건하지 않은 채 '벌판'이라는 의미 그대로 '코메르시우 광장'으로 불리게 되었다. 지금은 중앙에 폼발 후작과 함께 도시 재건을 이끈 호세 1세의 기마상이 호기롭게 서 있다. 바로 테주 강과 맞닿아 있어 광장이 더욱 넓고 탁 트여 보인다.

테주 강에서 떠오른 대동강

하구河口라서 어디가 강이고 어디가 바다인지 분간하기 힘들다.

불과 몇 분 전까지 발 디딜 틈 없던 번화가가, 이곳에 오니 마음을 착 가라앉히는 서정적 강변 풍경으로 바뀐다.

강둑에 앉아 드넓은 물결을 하염없이 바라보며 모처럼 한가롭게 여독을 풀었다. 역시 '물'은 운치가 있어 사람의 마음을 정화시켜준다.

500여 년 전, 포르투갈인들은 이 물길을 따라 미지의 바다로 나갔다.

그때의 먼바다 항해는 지금의 우주여행만큼이나 두려웠을 것이다. 다 가마, 디아스, 카브랄 같은 탐험가는 살아 돌아와 지금도 명성을 떨치지만, 이름도 남기지 못한 채 불귀의 객이 된 사람도 무수히 많았으리라.

평범한 포르투갈 아낙네들은 이 자리에서 돈 벌러 떠난 지아비를 한없이 기다렸을 것이다. 돌아오지 못한다는 걸 알면서도. 기다림에 지쳐 결국 돌이 된 여인, 우리 식의 표현으로 '망부석望夫石'. 얼마나 처절한가.

그러나 포르투갈의 문학적 표현도 만만치 않다. 저명한 시인 페소아

Fernando Pessoa, 1888~1935(포르투갈 모더니즘의 선구자)는 "바다는 우리의 눈물"이라 했다. 그들은 가슴 깊이 맺힌 슬픔을 파두라는 가락으로 절창絶唱을 토해냈다.

나는 도도히 흘러가는 테주 강을 바라보다가 문득 남호南湖 정지상鄭知常, ?~1135(고려 중기의 시인)의 시 〈送人임을 보내며〉을 떠올렸다. 섬세한 한국인의 정서는 시각적·청각적·감각적으로 이렇게 노래한다. 봄날, 한 폭의 잘 그린 동양화를 보는 듯 생생하다.

雨歇長堤草色多 우헐장제초색다	비 갠 긴 강둑에 풀빛이 짙어지는데
送君南浦動悲歌 송군남포동비가	슬픈 노래 부르며 남포에서 임을 보냈네
大同江水何時盡 대동강수하시진	대동강 저 물이 언제 다하겠는가
別淚年年添綠波 별루연년첨록파	해마다 내가 이곳에 와 눈물을 더하니

강변에서 만난 인연

강변에서 자전거를 타던 부부를 만나 사진을 부탁했다.

나의 원칙은 '자전거 타는 사람은 일단 안심'이다. 남편의 팔에 문신이 있었지만, 부부가 함께 타고 있으니 주저 없이 카메라를 맡겼다.

서로 사진을 찍고 이야기를 나누다 보니 마음이 통했다. 벤치에 앉아 이런저런 담소를 시간 가는 줄 모르고 나누었다. 나의 여행담이 주를 이뤘지만, 그들도 '여행자가 보는 포르투갈'에 관심이 많았다.

조안나와 알렉스, 40대 후반쯤 되는 평범한 포르투갈인 부부였다. 그들은 생활 자전거로 테주 강변을 가끔 라이딩한다고 했다. 그들도 역시 자전거 여행자인 나에게 안심했는지 거리낌 없이 대화가 이어졌다.

저녁 때가 되어 좋은 기회였다. 리스본에 오면 꼭 해보고 싶었던 것은 파두를 감상하며 바칼라우^{Bacalhau}(염장 건조 대구) 요리를 음미하는 것이었으니 말이다. 그런데 현지인 부부까지 만났으니 더없이 반가웠다. 그들에게 제안했다.

"바이샤 지구에서 바칼라우 요리 잘하는 집을 알려주시면 저녁은 제가 대접하겠습니다."

단, 관광객이 잘 가지 않고 현지 중산층이 자주 찾는 '동네 맛집'이기를 바랐다. 가격도 합리적이고, 현지 서민들과 섞여 북적이는 분위기를 경험하고 싶었기 때문이다.

알렉스는 흔쾌히 동의했다.

무려 300가지의 바칼라우 요리

부부를 따라 '먹자골목' 여러 식당을 둘러봤지만 거의 모든 곳이 만원이었다. 손님들을 흘깃 보니 전부 현지인이었다. '아, 알렉스가 내 의도를 알아차렸구나.' 안심한 나는 군말 없이 따라다니다가 마침내 허름하지만 정겨운 식당에 자리를 잡았다. 테이블이 8개 남짓한 작은 공간이었지만 분위기는 포근했다.

알렉스 부부는 바칼라우에 대해 열정적으로 설명해주었다. 대구^{Cod}는 포르투갈을 대표하는 생선으로, 부활절과 크리스마스 같은 큰 명절에 빠

현지인 부부와 함께한 바칼라우 저녁 식사

지지 않는 '국민 음식'이다. 무려 300가지가 넘는 요리법이 있다는 말에 나는 감탄했다(솔직히 내가 좋아하는 고등어로 5가지 이상의 요리를 떠올리기도 쉽지 않다).

그런데 더 놀라운 사실은, 정작 대구가 포르투갈 근해에서는 잡히지 않는다는 것이다. 오래전부터 북해에서 잡아 소금에 절여 들여왔고, 대항해 시대 원양 항해에 대비한 생선 저장 방식이 지금까지 이어진 것이다. 말하자면 우리네 '안동 간고등어'와 비슷하다. 다만, 포르투갈식은 소금에 절인 대구를 물에 얼마나 오래 불려 소금기를 빼느냐에 따라 맛이 달라진다고 했다.

우리는 모두 바칼라우 아사두Bacalhau assado를 주문했다. 염장 대구를 올리브 오일과 마늘에 재워 오븐에 구운 뒤 감자나 채소, 올리브를 곁들인 대중적인 요리였다. 염장 생선이라 신선한 맛은 기대하기 어려웠지만, '현지인과 함께 현지 음식을 맛봤다'는 사실만으로 충분히 만족스러웠다. 게다가 셋이 먹고 50유로였으니 가격도 합리적이었다.

다만, 염도를 많이 빼달라고 주문했음에도 여전히 짜서 그날 밤에는 물을 들이켜느라 화장실을 몇 번이나 들락날락하며 잠을 설쳤다.

포르투갈의 미감은 일상의 풍경 속에서 빛난다.

대항해 시대의 기억, 이슬람 문화의 흔적, 섬세한 장인정신이 어우러져 건축과 거리, 장식 곳곳에 스며 있다. 마누엘리노 양식, 아줄레주, 칼사다 포르투게사─이 세 가지가 그 정수를 보여준다.

궁전의 조각, 벽의 타일, 거리의 돌무늬가 함께 어우러져 포르투갈만의 감성과 품격을 완성한다. 그 속에는 바다를 향한 포르투갈 사람들의 낭만과 삶의 태도가 고스란히 배어 있다.

마누엘리노 Manuelino 양식

포르투갈에서만 볼 수 있는 독창적인 건축양식으로, '포르투갈식 고딕'이라 불린다. 마누엘 1세(재위 1495~1521) 시대에 번성했으며, 대항해 시대의 부와 해양 정신을 상징한다. 건축을 권력의 표현으로 활용한 왕은 궁전과 성당, 미술관, 왕가의 문장 등에 이 양식을 적용했다. 대표적으로 제로니무스 수도원과 벨렝 탑이 있으며, 밧줄·닻·산호·혼천의 등 바다를 상징하는 장식이 특징이다.

아줄레주^{Azulejo}

푸른빛을 띠는 포르투갈 전통 타일로, 이슬람 문화에서 기원해 스페인을 거쳐 전해졌다. 15세기에는 주로 안달루시아 지방에서 수입되었고, 이후 독자적으로 발전했다. 단순한 건축 장식을 넘어 하나의 회화 장르가 되었다. 타일에 유약을 바른 뒤 직접 붓으로 그림을 그려 맞추어 완성하는 방식으로, 리스본과 포르투는 물론 작은 마을에서도 쉽게 찾아볼 수 있다.

칼사다 포르투게사^{Calçada Portuguesa}

포르투갈 특유의 도로 포장 기법이다. 광장, 산책로, 유적지 어디서든 볼 수 있으며, 마카오의 세나도 광장이나 브라질 코파카바나 해변길도 이 방식으로 꾸며졌다. 장인들이 손으로 작은 돌을 깔아 파도무늬, 꽃무늬, 사선이나 직선 패턴을 만든다. 심지어 글자나 상호를 새기기도 한다. 미적 전통으로 인정받지만, 인건비 상승으로 점차 줄어들고 있다.

달콤했던 옛 호시절을 회상하시나…

한 나라의 역사는 전쟁을 빼고는 이해할 수 없다. 그래서 어느 나라를 가든 나는 전쟁기념관은 빠뜨리지 않고 찾아보는 편이다. 이번에는 벨렝 지구에 있는 전쟁기념관Museu do Combatente을 찾았다.

입구에 걸린 커다란 세계지도 패널 위에는 이런 글귀가 쓰여 있었다.

Portuguese Empire in the 20th Century 20세기 포르투갈 제국의 현황

지금은 유럽의 변방국으로 밀려났지만, 잘나가던 호시절의 기억을 되새기려는 것일까. 지도 곳곳에 포르투갈 국기가 꽂혀 있었다. 기념관 뜰 중앙에는 기하학적 형태의 독특한 기념비가 세워져 있는데, 식민지 전쟁에서 목숨을 잃은 이들을 추모하는 것이었다. 그러고 보니 이곳은 '식민지 전쟁기념관'이라 부르는 편이 더 정확할 듯하다.

제2차 세계대전이 끝난 뒤, 제국주의 시대 유럽 국가들이 통치하던 아프리카 국가들이 봇물 터지듯 하나둘 독립을 쟁취했다. 그러나 포르투갈만은 예외였다. 식민지 의존도가 높아서였을까, 아니면 시대의 흐름을 제대로 읽지 못해서였을까. 포르투갈 정부는 아프리카 식민지를 비롯한 몇몇 지역의 독립을 허용하지 않았다.

결국 식민지 곳곳에서 무장 독립운동이 일어났고, 파병된 포르투갈 군대와 충돌하며 대규모 유혈사태로 번져갔다. 내 기억에도 아직 선명하다. 앙골라와 모잠비크 내전 소식이 연일 우리 신문에 보도되던 시절, 무고한 희생자들의 얼굴이 기사 속에서 떠올랐었다.

벨렝 지구에 있는 전쟁기념관

바이런이 극찬한 마을, 신트라

리스본을 이곳저곳 돌아보며, 자전거만큼 '유용한 여행 도구도 없다'는 사실을 다시금 절감했다. 머물면 머물수록 더 볼 것이 나올 것만 같았다. 로마에 가면 이런 말이 떠돈다.

"하루 동안이면 로마를 거의 다 본 것이고, 일주일이면 조금 본 것이며, 한 달이면 거의 본 것이 없다."

지금 내가 바로 그런 심정이었다.

리스본 교외를 공략하기 위해 페달을 힘차게 밟았다. 그곳에는 포르투갈 여정, 아니 이베리아 반도 전체 여정의 종착지가 기다리고 있을 터였다. 아름다운 해변 마을 카스카이스^{Cascais}를 지나 신트라^{Sintra}에 도착했다.

신트라에 남아 있는 아랍식 휴게소 입구

영국의 계관시인桂冠詩人 조지 바이런George Byron, 1788~1824은 신트라의 풍경에 매료되어 친구에게 이렇게 편지를 썼다.

"신트라 일대 마을은 아마도 세계에서 가장 아름다울 것이다.
위대한 에덴동산에 있는 만큼 나는 행복하다네."

신트라 왕궁Palácio Nacional de Sintra은 포르투갈에서 유일하게 남아 있는 중세의 대규모 유적이다. 리모델링을 거쳤지만 곳곳에 이슬람 문화의 흔적이 깊게 스며 있다. 왕이 상주한 곳은 아니었으나 여름 별장 역할을 했다.

왕궁에서 올려다본 산 정상의 성터는 아득했다. 해발 500m 고지. 마지막 피치라는 각오로 업힐을 시작했다. 땀으로 상의가 흠뻑 젖고서야 정

아랍의 흔적, 페나 궁전(Palácio da Pena). '동화 속 궁전'이라 불리며, 신트라 산 정상에 있다. 신트라 왕궁에서 차로 약 10분 거리에 있다.

상 부근 매표소에 닿았다. 표를 사며 사정해 자전거를 맡길 수 있었다.

정상에 오르니 마치 비행기에서 아래를 내려다보는 듯 짜릿한 기분이 밀려왔다. 역시 모든 인간사, 땀을 흘려야 비로소 달콤한 열매가 있다. '달의 산Monte da Lua'이라 불리기도 했던 신트라. 태양보다 달을 숭배했던 무어인들은 신트라 산Serra de Sintra 정상에 요새를 세워 적들의 공격에 대비했다. 그것이 바로 8세기에 건설된 '무어인의 성 Castelo dos Mouros'이다. 이후 1147년 포르투갈의 국토 수복으로 이슬람 시대는 막을 내렸다.

'거인의 바다'를 향하여

신트라와 작별하고 '대륙의 끝'을 향해 페달을 밟기 시작했다.

대륙의 끝에서 시작되는 바다, 바로 대서양大西洋을 보고 싶었다. 이 바다는 포르투갈과는 떼려야 뗄 수 없는 숙명적 관계를 맺고 있다. 크기는 세계에서 두 번째다. 태평양 다음이며, 그 면적은 유럽·아시아·아프리카·남아메리카 대륙이 모두 들어가고도 남을 정도로 광대하다.

'무어인의 성'. 페나 궁전 옆에 있는 옛 이슬람 성곽이다.

그렇다면 영어 이름 '애틀랜틱 오션Atlantic Ocean'은 어떻게 생겨났을까?

아틀라스Atlas는 그리스 신화에 나오는 거인이다. 그는 제우스로부터 영겁의 형벌을 받았는데, 바로 하늘과 땅 사이를 받치는 기둥을 짊어진 채 살아가야 하는 것이었다.

어느 날, 메두사Medusa를 살해하고 도망치던 영웅 페르세우스Perseus가 아틀라스에게 보호를 요청했지만 거절당한다. 화가 난 페르세우스는 선물을 주는 척하면서 자루 속에서 메두사의 머리를 꺼내들었다. 그 순간 아틀라스는 돌로 변해버렸다. 결국 그는 제우스의 명령에 따라 하늘에 닿을 만큼 거대한 존재가 되었고, 이 세상 서쪽 끝 아프리카 서북단에 솟은 '아틀라스 산맥Atlas Mountains'이 되었다. 그 앞에 펼쳐진 넓은 바다가 바로

'아틀라스의 바다', 즉 애틀랜틱 오션이라 불리게 된 것이다.

포르투갈 사람들은 이 바다를 두려워하면서도 동시에 동경했다.

바다 끝에는 지옥의 입구가 있어 폭포로 떨어질지 모른다고 믿었고, 적도를 지나면 까맣게 타 죽을지도 모른다고 여겼다. 지구가 둥글다는 사실은, 수많은 희생 끝에 만신창이가 되어 돌아온 마젤란 탐험대에 의해 비로소 확인되었다.

여정의 끝, 세상의 끝

저 멀리 탑 위의 십자가가 눈에 들어왔다.

애마와 함께 호카곶Cabo da Roca에 발을 디디는 순간 온몸에 전율이 일었다. 오금이 저리는 아찔한 절벽이다. 아래로 대서양의 파도가 거칠게 포효하는 경외스러운 풍경이 펼쳐진다. 게다가 몸을 가눌 수 없을 정도로 강한 바람이 불어왔다. 일대에는 강풍을 이겨내고 살아남은 키 작은 초목과 막사국莫邪菊이란 들꽃만 널려 있었다.

사람들은 '경계'에서 의미 찾는 것을 좋아한다.

물리적으로 가장 극단적인 개념, 이를테면 '최고로 높은', '가장 긴', '가장 먼저', '세계 최대', '가장 북쪽' 같은 말이다. 나는 이것을 한계limit를 뛰어넘으려는 인간의 원초적 욕망으로 본다. 호카곶은 고대 로마 시대부터 전설처럼 전해 내려온 '땅의 끝'이었다. '세상의 끝'이나 '대륙의 끝'은 지극히 유럽 중심의 사고방식에서 나온 말이다. 호카곶의 정확한 표현은 포르투갈의 서쪽 땅끝 마을이고, 더 '극적'으로 표현하면 유라시아 대륙

호카곶으로 가는 길

의 최서단最西端이다.

유라시아 대륙의 끝, 대서양을 향한 큰 십자가 탑 하단에 이런 문구가
음각되어 있다.

"Onde a terra acaba e o mar comeca"
(Where the land ends, the sea begins)
"육지가 끝나는 곳에 바다가 시작되나니"

당대 문인 카몽이스의 작품이다. 대항해 시대를 연 엔리케 왕의 포부
가 담겨 있다. 지극히 당연한 내용, 선문답 같은 짧은 구절에 심대한 의미

호카곶의 십자가 탑 앞에서

가 함축되어 있다.

탁 트인 대서양을 바라보니 문득 떠오르는 생각이 있다.

국경의 반 이상이 스페인에 막혀 있던 포르투갈인들이 뻗어나갈 길은 서쪽 바다밖에 없었다. 대서양은 거칠다. 지중해처럼 온화하고 잔잔한 바다가 아니다. "잔잔한 바다는 훌륭한 선원을 키우지 못한다"는 격언을 가슴에 새긴 당시 포르투갈의 리더는 '세상의 끝'에서 외쳤다. 그 사자후는 시공을 초월해 현재 대한민국 땅에서도 유효할 것만 같다.

그러나 대상이 바뀌었다.

500여 년 전과는 비교 자체가 무의미하다. 이제는 바다가 아닌 하늘, 즉 광대무변廣大無邊한 우주다. 진출 대장정에 미국이 가장 앞서 있고 중국, 일본, 인도, 유럽연합 등이 뒤따르고 있다. 우주는 차세대 새로운 산업 공간이 되어버렸다.

2024년, 전 세계에서 우주를 향해 쏘아올린 발사체는 총 261기. 이 중 60%가 미국에서 발사됐다. 미국이 1977년 쏘아올린 보이저 1·2호는 이미 태양계를 벗어나 수백억km 떨어진 미지의 우주 공간에서 각종 데이터를 지구로 보내오고 있다. 러시아는 1957년 '스푸트니크 1호'를 발사하며 인류 최초로 인공위성을 우주 궤도에 성공적으로 진입시켰지만 살상 무기 개발에 치중, 뒤처지고 말았다.

대항해 시대 포르투갈과 스페인의 배들이 바다의 시대를 갈랐듯이, 오늘날 각국의 우주선들이 우주의 바다를 가르고 있다. 우주 시대를 개척하는 선두주자들이 인류의 역사를 이끌어갈 것이다.

우리도 늦었지만 2024년에 우주항공청을 만들고 이 무한 경쟁에 뛰어들었다. 2045년까지 달 기지, 화성 착륙선을 만든다는 중장기 로드맵을 발표했다.

역사는 반복된다. 수백 년의 세월이 흐른 뒤, 나의 조국 대한민국은 어디에 서 있을까.

아니, 어디에 서 있어야만 할까!

끝.

"나는 열정과 신념을 다해 무엇을 시도하든 자신을 내던졌다.

내가 옳다고 생각되면 어떤 위험도 감수하며 도전했다.

깨지고 얻어터져 만신창이가 될지언정.

이룰 수 없는 꿈을 꾸고,

이룰 수 없는 사랑을 하고,

견딜 수 없는 고통을 견디며,

싸워 이길 수 없는 적들과 싸움을 하고,

잡을 수 없는 저 하늘의 별을 잡으려고 달려갔다."

• 세르반테스의 〈돈키호테〉 중에서